中国对欧洲园林建筑的影响

[德] 埃莉诺·冯·埃德伯格　著

陈　健　译

华中科技大学出版社
http://www.hustp.com
中国·武汉

图书在版编目（CIP）数据

中国对欧洲园林建筑的影响／（德）埃莉诺·冯·埃德伯格著；陈健译.
—武汉：华中科技大学出版社，2022.4
ISBN 978-7-5680-7756-9

Ⅰ.①中… Ⅱ.①埃…②陈… Ⅲ.①古典园林－园林建筑－中国－影响－欧洲 Ⅳ.①TU986.4

中国版本图书馆CIP数据核字（2022）第056739号

CHINESE INFLUENCE ON EUROPEAN GARDEN STRUCTURES
by Eleanor von Erdberg
Copyright © 1936 by the President and Fellows of Harvard College
Copyright © renewed 1963 by Eleanor von Erdberg Consten
Published by arrangement with Harvard University Press
through Bardon-Chinese Media Agency
Simplified Chinese translation copyright © 2022
by Huazhong University of Science & Technology Press Co., Ltd.
ALL RIGHTS RESERVED
本书简体中文版由哈佛大学出版社授权华中科技大学出版社有限责任公司在中华人民共和国境内
（不含香港、澳门、台湾地区）独家出版、发行。
湖北省版权局著作权合同登记 图字：17-2021-237

中国对欧洲园林建筑的影响　　　　　　　　　　　　　[德]埃莉诺·冯·埃德伯格　著
ZHONGGUO DUI OUZHOU YUANLINJIANZHU DE YINGXIANG　　　　陈健　译

出版发行：华中科技大学出版社（中国·武汉）	电话：(027)81321913	
武汉市东湖新技术开发区华工科技园	邮编：430223	

策划编辑：王　娜	美术编辑：杨　旸	
责任编辑：王　娜	责任监印：朱　玢	

印　　刷：武汉精一佳印刷有限公司
开　　本：880 mm×1230 mm　1/32
印　　张：7.375
字　　数：177千字
版　　次：2022年4月 第1版 第1次印刷
定　　价：59.80元

投稿邮箱：wangn@hustp.com
本书若有印装质量问题，请向出版社营销中心调换
全国免费服务热线：400-6679-118 竭诚为您服务
版权所有　侵权必究

CHINESE INFLUENCE
ON EUROPEAN
GARDEN STRUCTURES

温莎附近弗吉尼亚湖，陛下渔亭，中国楼阁（W.A.德拉莫特，1836，温莎城堡皇家图书馆）

目 录

第一章
中国艺术风格

　　"如果建筑作品仅仅被用作园林中的点缀，用来活跃园林风景中死气沉沉的角落，而不必暗示任何独特的个性，那么人们可以在园林中采用任何类型的建筑设计。你可以选择设计一座希腊式或哥特式的建筑，或者选择采用土耳其或者中国风格的设计，风格的选择上不存在任何限制。"①

　　以上这段话摘自一本书，这本书梳理了十八世纪末新出现的园林风格。这段话总结了许多理论家的观点，他们在此前的几十年都沉浸于园林建筑的研究。这些理论家在园林营造中为中式建筑以及其他异国风格的建筑留了一席之地。但园林建筑师可能遵循多种建筑样式，而中式风格只是其中的一种。几乎是在同一时期，"塔希提岛风"（Otaheitian）、印度风、摩尔风、土耳其风和埃及风都吸引了欧洲人的注意力。人们对所有这些新风格能带来的可能性充满热情，而这种热情启发了许多格外奇特的设计，尤其是哥特式建筑风格的设

---

① Translated from C. L. Stieglitz, *Gemählde von Gärten im Neuern Geschmack*, 1798, p. 127.

计。这些风格奇异的设计之前被轻视了很长一段时间，此时突然被各处都热情接受。但是立于这些风格之上的是古典主义建筑风格，这是唯一一种从未被抨击的建筑风格，其价值和至高无上的地位也从未被质疑。希腊式的理想艺术和审美主导了整个十八世纪下半叶，崇尚希腊风格的建筑理论家认为自己更有权判断什么是优秀的品味，他们坚信自己的标准是绝对正确的，因为他们的观点与被广泛接受的古典美学理想是一致的。一座展现了"优秀的品味"的园林建筑在大多数情况下意味着采用了希腊式建筑的结构。友谊殿或美德殿（the temples of Friendship or Virtue）的设计都遵循了这种所谓的"宏伟壮丽"的建筑风格，也就是古典主义风格。①各类异国风格的建筑在所有建筑中处于不那么尊贵的地位，只是因为它们迎合了一种游戏感（sense of play）。

在这些新式风格中，中式风格扮演了特殊的角色，证明关于"中国风在园林建筑中的体现"的专题研究是有价值的。而在中式风格影响建筑设计之前，欧洲出现过一股更具影响力的中式风潮，这股风潮发生在装饰艺术领域。在 1750 年左右，中国风才开始在建筑领域产生影响，在此影响下诞生了一些样式新奇的建筑。而在此之前，装饰艺术领域的中国风潮已经在欧洲流行了足足一个世纪了。许多有创造力的设计师对各种中式图案已经很熟悉，因此很多中式亭被装点得非常迷人。由于这种建筑风格受到时尚的青睐，因此它在欧洲的园林中

---

① J. G. Grohmann, *Ideenmagazin für Liebhaber von Garten*, 2d ed., 1797, vol. 1, no. 4, pl. 4: "从风神殿……到英国皇家植物园……风格非常尊贵。"
同上，no. 5, pl. 8; no. 6, pl. 4; no. 9, pl. 5; 出现于书中多处。
Krünitz, *Encyclopädie*, 1788, pp. 3 ff.: "谐趣宫（Lusthaus）"。"高贵的现代风格"在这里指代爱奥尼亚柱式柱。

迅速传播也就不足为奇了。

　　比起其他的因素，中式建筑这一新奇的艺术风格被接受的主要原因在于它的游戏感。中国艺术风格的建筑设计一直局限于小型建筑，因此园林给这类建筑提供了恰到好处的环境①。在十七世纪和十八世纪早期的中式建筑中存在一些不是小型建筑的例外，比如特里亚农瓷宫（Trianon de Porcelaine, 图 38）、皮尔尼茨宫（Pillnitz, 图 39）、在德累斯顿的日本宫（Japanese Palace, 图 93），以及再晚一些的，位于巴勒莫（Palermo）附近的法沃利塔别墅（Villa Favorita, 图 92）。这些建筑所体现出的中国艺术风格本质上只是装饰艺术，只不过因为对中国艺术风格建筑一时的兴致，而将这种装饰艺术的规模远远扩大了。梅索尼埃（Meissonier）为圣叙尔比斯教堂（St. Sulpice）所绘的设计平面图可以追溯到 1726 年，圣叙尔比斯教堂也体现出了中国艺术风格的影响。当然，教堂建筑不会刻意模仿中式建筑，但考虑到圣叙尔比斯教堂的曲面屋顶和屋檐下火焰状的装饰图案，人们无法完全否认中国风建筑对它的影响。圣叙尔比斯教堂的建筑设计让人想起带有青铜镀金装饰的中国青花瓷瓶，这种花瓶那时在法国很受欢迎。圣叙尔比斯教堂带有内敛优美的线条，周围点缀着一连串洛可可风格的装饰物②。梅索尼埃设计的圣叙尔比斯教堂被否决了，因为这种装饰风格不符合法国人的古典主义建筑审美，而古典主义建筑的美学概念在法国人的心中根深蒂固。只有曲面屋顶的设计进入了重要建筑的领域③，

---

① 　此外，中国纪念性建筑的形式从技术方面来讲不符合欧洲的需求。

② 　P. Jessen, *Das Ornament des Rokoko und seine Vorstufen*, 1894, pl. 54.

③ 　F. Laske, *Der Ostasiatische Einfluss auf die Baukunst des Abendlandes vornehmlich Destschlands im 18. Jahrhundert*, 1909, pp. 74 ff.

这种屋顶让建筑的轮廓更有生气。然而，曲面屋顶最常见的建筑形式，也就是复折式屋顶，采用了折曲线设计，因此与中国的曲面屋顶有很大的不同，以至于你甚至看不到两种屋顶设计之间存在什么直接关联。

在十七世纪以及十八世纪上半叶，中国艺术风格（chinoiserie）的发展历史与装饰艺术的发展历史息息相关。在他最具解释性的作品中，赖西魏因（Reichwein）详细地描写了这股中国风潮①。在瓷器、漆器、家具等领域都有学者对中国艺术风格进行了专门的研究②。在法国，柯迪尔（Cordier）对有关中国风格的研究做出了概括性总结③。

西方将中国看作远东的丝绸之乡的这种认识可以追溯到罗马帝国时期，在之后的岁月中，中国和欧洲的贸易从未停止。根据马可波罗（Marco Polo）的游记（1272—1293），我们可以对十三世纪的中国有一个准确的认识——那是一片富有而奇妙的东方国土，是之后哥伦布尝试从海路到达的目的地。在葡萄牙人通过海路绕过非洲、使通往中国的航路成为可能之前，来自中国的货物和消息都要经过漫长且艰难的旅途才能到达欧洲。这一路上要经过很多中间站，货物和消息在众多中间商之间几经转手，以至于只有寥寥无几的远东知识被传播到欧洲。然而，在葡萄牙人于 1515 年首次到达中国之后，一切都发生了巨大的变化。随着世界上新的国家被发现，欧洲人被激发起了对陌

---

① A. Reichwein, *China and Europe*, 1925.

② H. Belevitvh-Stankevitch, *Le Goût Chinois en France au Temps de Louis XIV*, 1910; R. Graul, *Ostasiatische Kunst und ihr Einfluss auf Europa*, 1900. 在这些书中可以找到更多的专业参考书目。
J. Lessing, "Japan und China im Europäischen Kunstleben," *Westermanns Illsrierte Deutsche Monatshefte*, vol. 49, December, 1880.

③ H. Cordier, *La Chine en France au XVIIIᵉ Siècle*, 1910.

生国家及其居民的浓厚兴趣，而随着兴趣的增长，欧洲人对异国的商品也产生了更大的需求，尤其是对"东印度的货物"——那时候所有从南亚和东亚进口的货物都被称作"东印度的货物"。在十六世纪的东亚贸易中，葡萄牙人是唯一的主导者，十七世纪的时候，荷兰人取得了贸易上的霸权，在十八世纪，贸易霸权又转移到了英国人手中[①]。法国人从这些航行远洋的国家那里收获了来自中国的商品，同时也收获了许多来自远东的灵感，并把这些灵感吸收和融入自己的文化之中。法国人在所有时尚和优秀品味相关问题上是拥有独断权的，而正是他们赋予了中国风格重要的地位。中国艺术风格正是从巴黎开始征服欧洲，直到十八世纪后半叶，英式园林的特征才和法国园林的特征混合在一起。因此，装饰性中国风建筑领域的任何研究都应从研究法国的中式建筑开始。

　　在新奇的物件和制造这些新奇物件的陌生国家上花费时间是受到法国上流社会成员欢迎的一种消遣方式。这些物件为戏剧和化装舞会带来了新的灵感，体现出法国人对中国的认识日益提升，对所有关于中国的事情的热情也不断增长[②]。十七世纪中叶，中国艺术风格取代了之前在一系列异国潮流中独占鳌头的土耳其风格（turquerie）。之后，在很多节庆队伍和芭蕾舞剧中需要表现四大洲时，中国风取代了土耳其风格而成为亚洲的代表。然而，这种中国风的装饰细节和服装上仍保留了许多近东地区的特点，其主要特征也依旧是欧洲式的。

　　在那时候，人们的注意力都集中于出访中国的外交使团和对中国

---

①　Reichwein, *China and Europe*, pp. 16 ff.

②　同上，pp. 26, 66.

的商业考察上①。对这些话题的记录和详细描述（图2和图5）被广泛转播，在各处都广受欢迎②。时尚界也从中得到了启发，甚至将中国风运用到了女装设计上③。

虽然当时有大量关于中国的出版物，但其中关于这个遥远国家的真正知识非常有限。这些出版物体现出其作者对中国是如何缺乏理解的，书中有很多过分夸大的部分，混淆了事实和虚构④。很多描述意在迎合普通读者的品味，而普通读者对于中国这一东方仙境有很强的好奇心，阅读这些书是为了满足这种好奇心，而不是为了做严谨的研

---

① 例如荷兰东印度公司。参见 Reichwein, *China and Europe*, pp. 16-18.
1685年，最早的五位耶稣会传教士被派往中国。他们写给位于巴黎的上级的日常报告可以在这里找到：*Lettres Edifiantes et Curieuses...par Quelques Missionaires de la Compagnie de Jésus*, 1712 et sqq; *Mémoires Concernant l'Histoire...des Chinois, par les Missionaires de Pékin*, 1777, 包括1766年起的信件。

② M. L. Gothein, *A History of Garden Art*, 1928, vol. 2, pp. 238 ff.
一些重要的关注中国旅行早期作品如下：
Novns Atlas Sinensis, 1655; A. Kircher, *China Monumentis qua Sacris qua Profanis... Illustrata*, 1667. （参见 Reichwein, *China and Europe*, p. 19; O. Pelka, *Ostasiatische Reisebilder im Kunstgamerbe des 18. Jahrhunderts*, 1924, p. 29.）
J. Nieuhof, *Die Gesantschaft der Ost-Indischen Geselschaft in den Vereinigten Nierderländern...*, 1669. First edition, 1665, in Dutch. 这本书通过很多版本和各种语言得到广泛传播。（参见 Reichwein, *op. cit.*, p.66, and Pelka, *op. cit.*, p. 7.）O. Dapper, *Gedenkwaerdig Bedryf Der Nederlandsche...*, 1670. （参见 Pelka, *op. cit.*, pp. 32-33, 42-45.）
L. Le Comte, *Nouveaux Mémoires sur l'Etat Présent de la Chine*, 1696.
J. B. Fischer von Erlach, Erlach, *Entwurff einer Historischen Architectur*, 1725 ed., book 3, pl. 10.
J. B. Du Halde, *Description Géographique, Historique... de l'Empire de la Chine...*, 1735.
G. Staunton, *An Authentic Account of an Embassy from the King of Great Britain to the Emperor of China*, 1797.
其他关于中国的参考书详见第二章。

③ Reichwein, *China and Europe*, p. 38.

④ Reichwein, *China and Europe*, p. 19: "对于那个时代的欧洲人来说，中国整个国家都是如此奇特而怪异，甚至到了十七世纪，人们依然会相信那些最令人难以置信的中国故事。"这一陈述可以在伊拉兹马斯写的书中找到证明，*Erasmi Francisci Ost-und West-Indischer... Stats-Garten*, 1668, 这本书是对于世界各地奇闻逸事和半吊子科学观察的混乱整合。在"作者名册"部分罗列了大量的亚洲书籍。

究。中式艺术产品的价值主要体现为它们作为出色装饰品的价值，几乎没有伟大的中国艺术作品被送往欧洲，欧洲人也没有期望遇到或刻意寻找真正的中国艺术品。欧洲人从来没有认真关注或尝试理解那些佛教绘画、佛教雕塑中的伟大艺术品。另一方面，他们喜欢这些中式艺术和手工业品的奇特外形，它与洛可可风格的倾向完美契合。洛可可风格的力量在装饰领域能发挥得淋漓尽致，因此在小型艺术品和装饰物上得到最完美的表达。"洛可可在本质上是对规则的反抗。"[1]洛可可风格一方面在自然中发现了摆脱法则的自由创作的魅力——这导致了英国园林风格的演变；另一方面，洛可可风格在中国艺术中感受到了这种魅力。中国艺术的法则与欧洲的完全不同，而欧洲设计师对这种全新的法则一无所知，他们被中国艺术那种不被欧洲的对称性原则所束缚的创作方式所吸引。因此，东方的艺术在欧洲被热情地接受了。尽管在很长一段时间中，西方人都没能真正领悟东方艺术。人们认为所有来自东方的东西都具有吸引力，但是并没有重视它们[2]。

从中国传来的以及被称作"中国"（la Chine）的带有奇异风格图像的商品都卖得很快。法国船队"安菲特律特"（Amphitrite）的两次航行标志着西方对东方商品热情的高峰。1698 至 1703 年间，"安菲特律特"带回了精美的瓷器、丝绸和漆器[3]。甚至在这之前的 1668 年，

---

① Reichwein, *China and Europe*, p.76.

② 与这截然不同的是百科全书编纂人对中国作品的态度。这些欧洲人把中国人画的奇怪的猿类装点在他们的鼻烟壶上，而同样是这些欧洲人，他们尊重中国的哲学思想和统治理念（见伏尔泰、狄德罗），认为儒学值得被仔细研究。耶稣会传教士的翻译为这些学习很好地铺平了道路。参见 H. Cordier, *La Chine en France*, pp.114 ff.; Reichwein, *China and Europe*, pp.18 ff., 75 ff.

③ 1701 年来自广州塔特尔耶稣会神父的信中有关于第二次旅行的描述，这段描述再次出现于：*Lettres Edifiantes et Curieuses*, recueil III, Paris, 1713, pp.34-146.

路易十四就收到了来自暹罗（Siam）国王的丰厚礼物，礼物大部分来自日本，但也包括一些印度和中国的物品，包括瓷器、漆器、纺织品和金器。以路易十四城堡的物品清单为例，其中包含了大量或真实或仿制的中国家具、艺术品和工艺品①。路易十四也收到了来自中国皇帝的五十卷中国画。在欣赏和收藏中式商品和艺术品方面，蓬巴杜侯爵夫人（the Marquise de Pompadour）是一个很好的鉴赏家和收藏家②。

为了满足大量的需求，行业内急于生产最受欢迎的中国商品的高仿品。例如，荷兰的市场上充斥着用中式花纹装饰的代尔夫特瓷器，以此作为原版中式蓝白纹瓷器的代替品。而在梅森厂（Meissen）出产的第一个瓷器上，用作装饰的是日本图案③。在广受欢迎的漆器方面，位于巴黎和布伦瑞克（Braunschweig）的斯道沃瑟（Stobwasser）的马丁兄弟厂（the brothers Martin）在十八世纪中叶取得了巨大成功④。这些高仿品通常质量很高，以至于如今的人在第一眼看到这些仿制品的时候会分不清哪些是仿制品，哪些是原本来自亚洲的商品。印度风格（à l'indienne）的壁纸⑤以及彩绘印刷纺织品⑥的产品也遇到了同样的情况。

但这种中国商品的直接的仿制品绝不是这一风潮的唯一结果。洛可可艺术家感受到了雅致的色彩与瓷器、丝绸上的花卉图案之间的紧密联系，将花瓶和墙纸上难以理解的场景解释为无忧无虑人们的欢乐

---

① Belevitch-Stankevitch, *Le Goût Chinois en France*, part 2, chap.1.
② Reichwein, *China and Europe*, p. 34.
③ 参见 Reichwein, *China and Europe*, pp. 28-29; Graul, *Ostasiatische Kunst*, p. 17, for the painter herold.
④ Reichwein, *China and Europe*, pp. 34, 36; Graul, *Ostasiatische Kunst*, p. 25.
⑤ Reichwein, *China and Europe*, pp. 45 ff.
⑥ 同上 , pp. 39, 41 ff.

游戏。洛可可艺术家们接受了这种新奇的艺术带来的灵感，并根据他们自己的想法去发展它们。然而，洛可可艺术家们没有试图探讨中国艺术的精神，他们只是被中国艺术品的外在形式所吸引，仅仅选取了其中奇特和有趣的元素。因此，洛可可艺术家完全歪曲了中国和中国艺术的形象。造成这种形象歪曲的原因还有一个，那就是从亚洲进口的物品质量通常很差[①]。这些商品都是不识货的欧洲商人在印度、中国和日本的港口以低价购买的。这同样使得西方对于东方的想象与事实情况相差甚远。

中国艺术风格是这些模仿和变化的结果，因此不能通过对真正的中国艺术的学习来理解，而是要通过了解十七和十八世纪欧洲人的思想才能理解它。中国艺术风格的演变遵循并反映了十七和十八世纪欧洲人的思想变化，中国人只为这个风格提供了一种形式和一个名字——一种由时尚风潮开始，拥有多种可能性，并因此而持续流行了相当长时间的形式——直到新古典主义最终抛弃了它。大约在 1820 年，中式风格变得平淡且毫无意义，它在建筑风格上的统治地位终结了。

中国艺术风格的历史可以分为三个阶段：第一，异国风格（the Exotic style）；第二，怪诞风格（the Grotesque style）；第三，模仿风格（the Imitative style）[②]。当然，它们的时间顺序不是依次交替的，因为它们的发展彼此混合，且以多种形式同时存在。

[①]　Reichwein, *China and Europe*, p. 30; Graul, *Ostasiatische Kunst*, p. 9.

[②]　参见 G. W. Schulz,"Augsburger Chinesereien und ihre Verwendung in der Keramik," *Das Schwäbische Museum*, 1926, pp. 190 ff. 他把中国艺术风格分为三个时期，并称之为"巴洛克""巴洛克晚期""洛可可"。但是因为他的文章仅限于讨论陶瓷，而且在洛可可风格之后没有更进一步，使得这些定义不宜适用于更广泛的论述。

异国风格与上面提到过的土耳其风潮一脉相承。随着欧洲贸易的东进，人们的普遍兴趣从土耳其转移到了更陌生因此也更吸引人的中国上来。欧洲人在十七世纪关于中国的描述提供了令欧洲人感兴趣的中国形象，这些形象都非常接近。但是这些描述只展现出了西方人理解的中国，这种理解是在欧洲人很难理解中国式表达的前提下形成的。因此，中国艺术风格的印花布和装饰画中的男士和女士形象依然是欧洲人，仅仅是穿了稀奇的异国风格衣服和长有辫子而已[①]。欧洲人对中国风这一新奇主题的兴趣是不加选择的，只是出于好奇心的驱使，从而导致了对所有不同寻常的亚洲风格的盲目混合，人们不需要也不要求所有对异国风格的描绘都是正确的。对于这些风格的命名也同样很随意，"印度风"或"中国风"最常被用来笼统地形容所有来自远东地区的商品，而不加以任何区分。除此之外，暹罗人（Siamese）、鞑靼人（Tartar）和日本人之间的区分也很含糊[②]。有时，欧洲人甚至把黑人和北美印第安人同亚洲人混淆[③]。设计中国艺术风格的欧洲艺术家几乎没有人曾经见到过哪怕一个中国人[④]。蒙古种族奇异的面部特征出现在从远东进口的商品上，但这些描绘被认为是无能的中国画家的歪曲[⑤]。因此，中国人物被画成欧洲人的外貌[⑥]。随着时间的推移，

---

① 最好的例子是布歇（Boucher）和休基尔（Huquier）的中国系列。
② 很多中国商品被称为印度产的，因为它们是在印度港口被购买的。
③ 在德国德绍市边上的奥拉宁鲍姆城堡（castle of Oranienbaum）的一个上层房间的窗户下的面板上，人们找到了一幅画，画中粗略地表现了来自各个异国的人，在棕榈树下一起散步。
④ 除了华托（Watteau），维也纳的阿尔贝蒂娜博物馆（Albertina）收藏了华托的画作，那是一幅中国人的肖像，叫作"曹"。
⑤ Reichwein, *China and Europe*, p. 49.
⑥ 在纽伦堡的克里斯托弗·维格尔（Christoph Wiegel）的彩色版画中，所有中国人都有金黄色的头发。（*Kupferstichkabinett Dresden. Inventions Chinoises*, B. 1156. 2.）

丹凤眼、宽阔的颊骨，以及黄种人的其他特征才逐渐在欧洲被接受[1]。这些特质都被怪诞风格所采用，并被极大夸张了。

欧洲人时不时会尝试使用中国文字和符号，以此来增添并强化异国特色。中国文字和符号的装饰性使用是欧洲的东方式艺术的一个突出特点，但正如人们可以想象的那样，欧洲的这类模仿作品通常不伦不类[2]。

西方的陶瓷艺术和工艺品受到了东方的新影响，这使得西方的陶瓷艺术和工艺品开始模仿东方艺术品的材料和形状。第一批挪用中国装饰图案的人是荷兰的彩陶（faïence）制作者们，法国版画上最早出现的异国图案就是受到了荷兰的影响。在这里，同样出现了误解和错误的描绘[3]。

用中国艺术风格的图案来作为装饰是怪诞风格所独有的特征。这一风格与异国风格几乎同时出现，但是直到十七世纪六七十年代才开始坚持自己的风格，之后怪诞风格占据统治地位几乎一百年。怪诞风格的起源与异国风格不同，因为它主要来源于真正的中国原型，比如中式瓷器、漆器、丝绸和壁纸这些带有装饰性图案的商品。旅行者对中国的绘画描述对怪诞风格的形成影响有限，仅限于描述中国那些奇怪而难以理解的习俗和仪式。所有这些中国原型都必须经过彻底的变化，但不是变得更符合欧洲的实际，而是更加强化其异国风格。怪诞

---

① Jesuit Père J. Bouvet, *L'Etat Présent de la Chine*, 1697. 这是一本著名作品，其中收录了很多经过精心绘制的具有中国面孔和服饰的人物。这本书可能有助于带来这一变化。

② 只有具有东方语言知识的耶稣会传教士才能很好地展现中国文字。

③ 例如：将中国石榴纹（Chinese pomegranate）转化为梅森瓷器上的洋葱纹（onion pattern），将曲桥转化为闪电状的装饰并称之为"雷声"（au tonnerre）。参见 Graul, *Ostasiatische Kunst*, pp. 11 ff.

风格强调和夸大了所有奇怪的和不寻常的特性。在这里，游戏感对怪诞风格产生了影响。这些新式、多彩而鲜艳的物品体现出了孩子气的欢乐，这种欢乐在十七世纪后半叶和十八世纪很少有机会得到自由表达。当时的欧洲上流社会逐渐丧失了生活的目标，而把他们大把的闲暇时间花在各种无足轻重的小玩意上。对无聊的恐惧，加上他们强调生活细节的那种高雅文化，使他们追逐所有非同寻常的事物，那些他们不断想象并改动直到可以完美融入他们周围的精神气质的东西。欧洲上流社会试图通过这种方式来拒绝一切沉重而严肃的东西，一切会让人联想到现实的东西。中国被认为是天堂，那里充满了花鸟和无忧无虑的人们。只有这种对于东方的构想才可以解释中国艺术风格的独特之处。

就像异国风格有"土耳其风潮"（turquerie）作为其前身，怪诞风格也取代了它的前身猴戏图（singerie），一种用猴子的图案作为装饰的风格。在一些早期例子中，怪诞风格甚至与猴戏图进行了融合①。欧洲人的傲慢使他们将中国人视为傻瓜②，看作半人半兽的生物。他们眼里的中国人在树上过着幸福的生活，通过金链子来指挥奇怪的动物。

为了说明"中国"这个概念中包含着多少蔑视，这里引用了戏剧《中国人》（*Les Chinois*）作为例子，它是众多中国主题的戏剧之一③。戏剧的场景设置在巴黎，一个与中国毫无关系的地点。这部

---

① 华托，"火星上的猴子"（Les Singes de Mars）；休伊特（Huet），尚蒂伊（Chantilly）猴子沙龙的装饰墙板。
② 荷兰人称中国人物为"Zotjes"。
③ Reichwein, *China and Europe*, p. 68. note no. 96.

剧歌颂了意大利喜剧，中国场景①仅仅是出于对大众品味的妥协而被设置在这部剧中："滑稽演员"打扮成中国医生的样子出现，说拉丁语，非常傲慢和粗鲁，他来自"中国楼阁"（Cabinet de la Chine），"充满怪诞的中国人物……中间是一座大宝塔"②。这一场景之后是芭蕾舞，在舞蹈的过程中，宝塔唱着："我来自刚果……"③上文在提及异国风格时提到了地理概念混乱，这部剧为这种混乱提供了一个很好的例子。

在一系列名为"中国艺术风格创造"（Inventions Chinoises）④的版画中，有两幅由匿名艺术家制作的版画最能说明欧洲人关于中国人的观念——欧洲人不承认中国人属于被赐予理性的物种。画中的人类、动物、植物和建筑都以最意想不到的方式被表现。这两幅画讲述了关于东方的奇妙传说，包括异常陡峭的岩石、巨大的花朵和色彩缤纷的鸟，还有带有很多层屋顶和挂钟的高塔。然而，这些对各式奇观的描述完全超越了现实的范畴。没有人被这种不合逻辑所困扰，只要画幅中从上到下都被很多新奇和有趣的东西所充填就够了，这满足了欧洲人的所有期望，并都如他们所期待的那般被冠以了中国的名头⑤。

德国艺术中存在一种趋势，即倾向于挑战一种风格的所有极限可能。德国装饰物似乎经常夸大洛可可风格中体现出的轻松的精神，这

---

① "《中国人》戏剧中有五幕，1962 年 12 月 13 日，由雷格纳德先生和 F……先生在剧院上演，并首次由意大利喜剧演员杜罗依在他们的勃艮第酒店演出"，*Le Théâtre Italien de Gherardi...*, vol. 4, 1717, pp. 161 ff.

② "宝塔"这一词可以被用于他们的神像，以及各种各样的中国建筑。

③ "Je viens exprés de Congo..."

④ *Kupferstichkabinett Dresden*, B. 1156. 2. XIX. 7.

⑤ 相似类型的设计被复制在德累斯顿附近的皮尔尼茨宫的河畔宫殿（Wasserpalais）和山区宫殿（Bergpalais），出现在它们屋顶和门之间的壁画中。

在法国设计中也得到了非常清晰的再现。在法国，中国艺术风格中的怪诞风格往往倾向于表现为一种更克制的异国风格。事实上，最伟大的洛可可艺术家们，比如华托、布歇等人[1]，创作了一系列中国艺术风格的版画作为装饰设计和工匠的模型，保证了一种富有艺术性的想象力。不那么彰显才华的作品中存在更多有趣的主题，在这方面德国人做得尤其突出。

图案中傻里傻气的小人物并不比猴子高级多少，他们的长相和穿着与中国人类似，在摆弄不计其数的瓷器、漆器、墙纸和其他材料——所有这些工艺品都是用备受推崇的技术制造的，而这些技术都是从被欧洲人取笑的这些中国人那里学来的[2]。如果在这里多谈中式装饰图案在家具、纺织品以及其他任何种类或尺寸的物品上的体现，那就会把话题扯得太远了。所列举的参考文献中提到了很多这样的例子。

模仿风格与新古典主义一脉相承，模仿风格同样始于一种渴望，那就是想要复刻备受赞美的范本，这会带来古典艺术的复兴。在十八世纪后期，艺术家们再也不能肆无忌惮地改变异国风格以满足他们自己的意愿，因为人们开始要求近乎科学的准确性。人们想要向他们的朋友展示一个中式房间来让朋友吃惊，而这个房间应该被装饰成中国人自己会布置的那样。当时欧洲对于东亚的认识不断增加，满足了人

---

[1]　吉洛特（Gillot）、休伊特、佩罗特（Peyrotte）、休基尔、皮耶芒（Pillement）。
要了解更多中国元素对华托艺术的影响，参见 Reichwein, *China and Europe*, pp. 47 ff., 52-53; Graul, *Ostasiatische Kunst*, p. 27.
皮耶芒主要为纺织品制造商服务。参见 P. Jessen, *Der Ornamentstich*, 1920, p. 255, fig. 162.
[2]　中国人是聪明的商人，他们迎合了欧洲客户的期望和品味。他们本来已经生产了带把手的杯子和带有盾徽的盘子，现在他们仔细模仿中式版画，用这些图案的复制品来装饰这些瓷器。因此他们在欧洲人对他们的误读中描画了他们自己以及他们的风俗——这是艺术史上非常有趣的现象之一。大英博物馆和科隆东亚博物馆（Ostasiatisches Museum）都收藏有这一类工艺品的样例。

们的这一愿望。在接下来的章节中，本书会详细讨论钱伯斯（Chambers）作品中关于中国建筑和家具的设计。他的这本书被广泛阅读，里面的设计被广泛复制。作为建筑师自己观察中国的成果，模仿风格的版画尽管存在很多缺陷，还是比之前的中国艺术风格，即异国风格和怪诞风格，提供了更为中国化的外形设计。

　　拥有来自远东的珍品古玩不再是权贵阶级的特权，甚至在资产阶级的壁炉架上也会放着一个中国人像①。在模仿风格阶段之前，为了迎合上流社会的苛刻审美，瓷器和漆器已经开始被复制。在模仿风格主导的时期，这些复制品的数量在增长，质量却在逐渐下降。整个展馆都是仔细按照中国的原型进行建造的，包含很多体现中国建筑特点的细节，而此前人们还不关注这一点。室内装饰包括竹子制成的仿制品家具、中国专门为欧洲市场生产的那种巨大而浮夸的瓷瓶、按照"中国审美"而用花鸟装饰的墙以及装点有丝绸流苏和风景画的灯具。这些装饰都以尽可能接近中国的方式来布置。所有这些都表现出当时在中国画和中式建筑方面的先进知识，但是这些绘画和建筑还是受到了欧洲观点的束缚，从而失去了很多中国特性，这种欧洲式的"改进"甚至连模仿风格都无法避免②。

　　欧洲人不能判断中国艺术品的品质，却要在这样的情况下挑选中国或中国艺术风格的设计作为模仿模型。因此，即使是和原作非常接近的仿制品也不能保证会有高的艺术价值。但是当时的欧洲也没有多

---

① 例如：威廉·贺加斯（William Hogarth）的画《高贵生活中的品味》中，小黑人拿着一个中国艺术风格的小雕像。
② 例如在德累斯顿附近的皮尔尼茨宫，花园里的一个亭子；再比如德绍附近的奥拉宁鲍姆城堡一楼的中国屋，以及花园中的茶馆。

少对中国艺术的需求，中国审美是一种时尚，是每个人都想赶的时髦。前一代人的那种高度敏感而文雅的品味中所带有的热情已经无迹可寻，因此，人们不再在设计建筑装饰的工作中雇用伟大艺术家，也不再使用高档的材料。理论家形成了这样的观点，即希腊人的风格是理想的，而中式风格则没有品味，只是为了寻求多样性而容忍了中式的风格。为了寻求多样性，不幸的中式风格被反复滥用，榨干了那些复制品几乎可以忽略不计的艺术价值，也时不时地会出现一些尝试复兴哥特风格和摩尔式风格的变化。被这样滥用，也难怪中国艺术风格丧失了它妙趣横生的活力，而成为被轻视的对象，饱受理论家们越来越猛烈的批评。其中只有少数不被批评的例外，例如那些真正展现了良好品味的设计，这些例外可以在建筑领域中找到。建筑领域因为模仿风格而张开双臂拥抱了中国艺术风格，大量园林建筑可以追溯到这一后期阶段。

在早期中国艺术风格中，物体的轮廓，这个主导了观赏者第一印象的元素，没有受新式异国风格的影响。在家具设计、墙面装饰、镶板图案（panneaux），甚至建筑设计中，中国元素的装饰仅限于在轮廓的边界内。例如，一张路易十五风格的桌子需要调整它的外形来匹配欧洲房间的设计，以及满足使用桌子的人的需求和口味；只有桌上的嵌花和漆画可以展现一种奇异的风格，这种风格也需要小心平衡它与家具外形的关系，来达到一种和谐。而奇彭代尔（Chippendale）的一件美妙设计，则需要周围的环境来特别匹配家具的中式外形。巴洛克风格和洛可可风格是充满活力的风格，出于一种合理的自我中心的考虑，它们只吸收与它们的风格相适应的元素，不假思索地去除了外国元素的个性，以便让这些元素更适合它们自己使用。巴洛克风格和洛可可风格的中式房间在本质上依然是欧式的，因为哪怕房间主人身处很多新奇美妙的家具中，依然有必要让他感到家的舒适。这些房间主人根本没有试图融入与自己的文化完全不同的文化核心中去。洛可可风格是统治者，而中式风格只是它装点门面的仆人。当古典风格将中式风格推崇为统治者时，它推崇的是一个暴君，其表现形式与其他仿中式房间里的家具毫无相似之处，因此不会允许设计中包含西方的个性。当浪漫主义学派于德国兴起，复兴了西方自己的艺术力量，中国艺术风格就失去了其存在的可能性。

第二章
十八世纪中国建筑知识的来源

在讨论欧洲人应用的中国建筑形式之前，有必要先了解欧洲人所获取的中国建筑知识的来源。进行这样的讨论不是为了试图给出一个所有这些知识来源的完整列表，而是要挑选并讨论它们中最具特色的那些。这些知识来源可以分为两大类：第一类是欧洲人出版的游记和历史类书籍；第二类是中国人自己绘制的图画，如水彩画、木版画、瓷器上的图案等。除了这两种，还有一个数量稀少且特殊的第三类，那是一种欧洲元素和中国元素的有趣混合——欧洲的耶稣会教士在中国的影响下绘于中国的水彩画。

上一章中提到过的关于东亚的早期描述对建筑师来说几乎没有用处，因为那些记录通常会更加注重人类学和社会学上的怪异之处，而不会准确描绘城市景观和建筑高度。在这些早期记录和出版物中，建筑物在大多数情况下仅仅充当背景。简单的带有弧形屋顶的小房子、几座宝塔和高高的城墙只能给出一个关于中国建筑的笼统而模糊的概念。如果这些图像中的中国建筑原型曾在欧洲被应用，它的形式也被欧洲绘画的表现方式完全改变了，以至于在引入透视法和明暗法之后，其原始的中国特性并没有被保留多少。尽管如此，通过用欧洲绘画手法转译，这些图像对于欧洲人来说才变得可以理解了。直到十八世纪晚期，拉鲁日（Le Rouge）才敢向法国公众展示描绘中国皇家园林和宫殿的版画，这些版画是对中国建筑图纸的近似复制[①]。十七世纪和十八世纪早期的人们仍然没有习惯于东方人在画面上表现不同深度区域的方式，也就是通过将一个物体画在另一个物体的顶部来表示前后，尽管欧洲人在很久以前就采用了二维的装饰风格。

欧洲对亚洲建筑的呈现通常会走两个极端，要么是表现为程式化的简单形式，要么会夸大事实，以至于到了异想天开的程度。这些建筑物很少引起西方观众的赞赏，西方人只欣赏纪念性的宏伟石制建筑，或建筑上精湛的工艺。正是因为这种偏好，中国大桥（图 1）被一次又一次地作为例证提及[②]。出于类似的原因，形状各异的豪华船只也引起了欧洲人同样程度的兴趣[③]。

尼霍夫（Nieuhof）发表于 1669 年的书中包含了对中国城市的一些看法，但它们相当简略。书中的插图给人留下一种异国情调的印象，但缺乏细节，使它们无法成为建筑师可用的模型。然而，这本集子中也存在一些例外，有几幅绘画作品被证实是在中国绘制的。在经过了以欧洲绘画方式的重新绘制之后，这些作品已经发生了很大的变化，但依旧具有一定的准确性，对于它们将在后文中结合建筑形式进行讨

---

① [G. L. Le Rouge, *Jardins Anglo-Chinois*, 1777-1790?], cahiers 14, 15, 16, 17.

② *Erasmi Francisci Ost-und West-Indischer...Stats-Garten*, passim; Kircher, *China Monumentis*, pp. 213-217; Fischer von Erlach, *Entwurf einer Historischen Architektur*, vol. 3, pls. 13, 14, 15; C. C. Schramm, *Historischer Schauplatz...*, 1735, pp. 246-255.

③ *Erasmi Francisci Ost-und West-Indischer...Stats-Garten*, opp. pp. 20, 1400, 1406; Kircher, *China Monumentis*, pp.140, 192.

论①。在 1707 年出版的彼得·凡·德·阿（Pieter van der Aa）的记述中②有一些日本建筑，尽管这些建筑的图像都经过了一些改动，但这些文献材料必然有助于完善关于亚洲建筑的普遍印象。

　　人们不能指望在十八世纪上半叶的欧洲找到任何对中国建筑的真正理解。在菲舍尔·冯·埃拉赫（Fischer von Erlach）于 1721 年所著的关于历史建筑的书中，有整整一章被用来描写东亚建筑，但这并不能证明他认同东亚建筑的艺术价值，他只是想表明远东地区在受教育的阶层的兴趣中扮演着一个十分重要的角色。在最受欢迎的游记中可以找到菲舍尔·冯·埃拉赫书中的插图（图 1）③，他对这些插图做了一些改动，但没有进一步扭曲图中中国艺术的真实性，这种真实性已经饱受摧残。菲舍尔·冯·埃拉赫没有对遥罗、中国和日本的建筑进行明确区分，曲面屋顶被认为是所有这些建筑的主要特征。然而，这种对亚洲建筑的早期总结与它的原型非常接近，而在另一本同样被广泛阅读的关于中国的书，也就是十四年后出版的神父杜赫德（Du Halde）的作品中，插图就无法做到这一点。在神父杜赫德所著的这本书的插图中，建筑仅仅作为中国各式生活场景的背景板或附庸而出现。这些建筑带有丰富的细节，但是这些细节使人起疑，怀疑作者在画图的时候是否参考了任何中国建筑原型，或者甚至有没有参考在中国绘制的建筑草图。在这本书中，欧洲人对异域建筑的模糊概念被赋予了

---

① 赖西魏因（*China and Europe*, pp. 19-20）在讨论图像的透视画法时，得出结论，即这些图片是按照中国的设计刻成版画的。只有少数例外，如南京宝塔，在我看来这种说法似乎不太可能。
② Pelka, *Ostasiatische Reisebilder*, pp. 46 ff.
③ 将南京宝塔的图片与尼霍夫的《荷使初访中国记》（*Die Gesantschaft*）中的相同建筑进行比较。

梦幻般的夸张，各种奇异形状的有趣运用也应运而生，最终的结果与真正的中式风格大相径庭，几乎所有的装饰元素都是非亚洲的。但是，作为西方想象力的产物，这些插图比真正的中国绘画作品更容易被西方人理解。它们与奇异的元素充分交织在一起，充满异国情调的魅力和诱惑。这些插图对于异国情调和怪诞风格的诞生有很大影响，是哈夫彭尼式（Halfpenney's）建筑设计的先驱。这些书对中国艺术风格而非真正的中式建筑进行了回顾。而且更准确地说，这些插图是布歇和华托的虚构，而不是真实精确的旅行记录。

直到十八世纪末，欧洲出版物中才出现了可靠的描述。斯汤顿（Staunton）由英国驻中国大使馆出版的书问世于 1797 年，书中详细描述了他所游览过的地方，以对开本版画卷的方式给描述附上了插图（图 5）。这部书仔细记录了许多景观和建筑物，并真实地把它们呈现出来。举例来说，插图中所描绘的热河（Jehol）、长城（The Great Wall）和北京城门，大体上都符合其现在的样子。文中的描述大多基于仔细的观察，没有夸大其词，而夸大其词正是让许多旅行者的描述变得不可靠的原因①。

在这里，我们也许应该提到赫尔曼（Helman）关于中国皇帝的著作②，因为这本书声称它的插图都是基于中国的原建筑所绘的。在这些插图中，建筑只能充当配角。此外，中式建筑被简化为一些基本形式，比如曲面屋顶和木柱，当时的每个欧洲人都能理解这些简单的形式符

---

① Le Comte, *Nouveaux Mémoires, Avertissement*.

② [I. S.] Helman, *Faits Mémorables des Empereurs de la Chine, Tirés des Annales Chinoises…d'après les Dessins Originaux de la Chine…*, 1788.

号。书中的装饰只局限于几种不可或缺的形式，无法为欧洲的建筑师或装饰家提供太多灵感。在十八世纪后期的作品中，人们也许理所当然地期望获取相当数量的中国艺术知识，但赫尔曼书中的图片显然没有对建筑领域的中国艺术风格做出任何贡献。标题中特别提到了中国的"原始设计"（original designs）风格，但这种风格在欧洲式绘画表现的改动下变得面目全非。书中的插图确实是实事求是的，但却相当枯燥，它们没有给欧洲中式建筑带来任何与之相异的新想法，也没能让读者理解让这种建筑风格充满活力的原因。

　　然而，相较于那些传到欧洲的瓷器、漆器、水彩或者木版画上的真正的中国式建筑，这些伪亚洲式的绘画作品对于中式建筑的传播做出了更大的贡献。首先，中国绘画作品是稀有珍贵的藏品，这使得欧洲印刷的书籍比中国绘画作品的传播范围更广。其次，即使巴洛克和洛可可时代的欧洲人对于各种风格的装饰性价值都更开放包容，也愿意接受看似很奇怪的风格，但他们无法调整自己的观看方法，没办法适应中式构图的那种奇怪的表现方式，他们宁可使用欧洲书籍提供的那些经过改动的版本。小房子、塔和曲桥的图案在平面形式上很容易被转移运用到中国艺术风格的装饰中去，但是在异国风格和怪诞风格盛行的时代，没有人想到要在立体空间中尝试一下中式风格。在欧洲人的概念中，中国人将建筑简化为欧洲人所不能理解的样子。一张亭子的绘画并没有让亭子在欧洲人的概念中成为一种建筑形式，而仅仅是作为一种装饰元素，西方人并没有完全理解这种中式装饰图案来源于真实的建筑。早期的中国艺术风格没有对任何一种完全的建筑设计产生过亚洲式的影响，这不仅是因为缺乏合适的例子来进行模仿，还因为人们没有从建筑师的角度来看待这些描绘中式建筑的作品。巴黎^①和伦敦^②的博物馆都藏有来自中国的迷人的建筑模型，用象牙雕刻而成，细节精美。但是这些雕刻作品仅仅被视为玩具，对于西方评价伟大建筑的标准来说，这种建筑太精致秀丽了。当然，这些雕刻作品在精美程度上有些夸张，这一方面是因为雕刻材料，另一方面是因为这种雕刻不会被用于任何实际的用途。

如果要把当时欧洲人所拥有的所有中国绘画作品和书籍都讨论一遍，将会把本书的话题扯得太远。但是其中保存在巴黎国家图书馆（Bibliothèque Nationale）的一组书籍^③，以及上面提到的一些游记和关于历史的书籍^④，都会是一些很好的例子。巴黎国家图书馆的这些中国原作于十八世纪前或十八世纪期间被带到法国，其中一些是当时的国务部长贝尔廷（Bertin，死于1792年）的财产，他收集了北京耶稣会寄来的各种各样的中国绘画艺术品^⑤。这些有学识、对中国不带偏见、对中国文化也有高度了解的人成了中式风格在欧洲最有效率的传播者。

除了上述这些被收藏的书籍外，还有很多关于这个主题的书籍，但是本书在这里只提及那些跟建筑学相关的作品。第一本书收录了一系列质量不高的中国木刻画，描绘了1752年的一个皇家节日。在书

---

① 吉美博物馆，"乾隆皇帝赠送路易十五国王的象牙接待亭"。
② 维多利亚和艾伯特博物馆。
③ H. Cordier, *Catalogue des Albums Chinois…Conservés au Cabinet des Estampes de la Bibliothèque Nationale* （根据巴黎国家图书馆的目录号整理），*Journal Asiatique*, September-October 1909.
④ Kircher, *China Monumentis*; Du Halde, *Description Géographique*; Helman, *Faits Mémorables des Empereurs de la Chine*.
⑤ 他的盾徽出现在《论中国建筑》（*Essai sur l'Architecture Chinoise*）中，这篇文章被收录于：Cordier, *Catalogue*, Oe 13.

的开头有一条简短的注释，给出了这本书的标题①。这是一本没有文字的图画书，描绘了一支规模庞大的节庆游行队伍，节庆活动包含宴会和招待活动，这些活动都发生在各式各样富丽堂皇的宫殿式建筑中。作为一部描述宫廷生活的作品，它可能引起了读者相当程度的兴趣，但纯粹中式的绘画表现形式让这些木版画看起来过于奇怪，从而引起读者的困惑。因此，尽管这部书已经几乎呈现了所有类型的中国建筑形式，这些建筑形式依旧无法被读者当作建筑原型使用。如果欧洲人能不那么困难地理解这种奇怪的艺术形式，那么这本书就会是一本理想的中式建筑设计书。这本书有两本复制品，其中一本仍按照中国的方式装订，随书附上了北京耶稣会神父伯努瓦（Benoît）关于这本书的汇款信。另一本复制品被拆开重组，重新装订了一个欧式的封面②。

第二本书是一系列的中国水彩画，名字叫《北京商店》（*Boutiques de Pé-king*）。就像上述第一本书一样，它同样引起了人们的兴趣，但这种兴趣仅限于人种学。这些画作绘于 1771 年，是在北京耶稣会神父皮尔·伯努瓦的赞助下为巴黎人所绘制的③。这些作品描绘了人们在街上和商店中的生活，画面中装点有花园、桥梁和船只。画面构图清晰，画法工整，色彩细腻，非常适合巴黎人欣赏和理解。这种类型

---

① Bibliothèque Nationale, Département des Estampes, Oe 10, pet. In-fo. obl., *Ouan cheou, de l'Empereur Chan Ki, ou son Entrée à Peckin*(*sic*). 十八世纪的手写便条为："Ouan cheou de l'Empereur Kanghi ou description de son entrée a Pe-king... pour celebrer ses 60 années..." 名字和时间肯定是错误的; 这只可能是乾隆皇帝（出生于 1696 年）。

柯迪尔（Cordier）的《目录》（*Catalogue*）确定这一便条属于耶稣会士阿米奥特; 这听起来是有可能的，就如正确的抄写（如 Pe-king）所暗示的那样，这个字条的主人是一个熟悉中国语言的写作者。

② Bibl. Nat., Dép. Est., Oe 11, pet. In-fo., 2 vol., *Feste chinoise de 1752.*

③ Bibl. Nat., Dép. Est., Oe 22, pet. In-fo. 无书名页。

的绘画有许多个系列，在那时欧洲人的收藏品中算不上罕见[①]。接下来值得一提的是一本中国画书，名为《船》（*Bateaux*）[②]。书中展示了许多种类的中国船只，这些船只种类多样、富丽堂皇，为西方所称道，这些船只设计也被西方人进行了小规模的模仿。小册子《皇帝的宫殿》（*Palais de l'Empereur*）[③]也值得在此一提。这本小册子的彩色印刷质量相对低劣，描绘有青色和棕色的山景，还有建筑群的粗略素描。在不习惯这种绘画方式的西方人的眼中，书中的这些绘画作品一定看起来都很相似。

欧洲人对中国式的艺术表现或者中国建筑并没有很高的评价，上面提到的大多数书籍也没能让欧洲人对中国艺术和建筑产生更好的印象。这一点尤其适用于木版画，因为大量的小建筑杂乱地堆叠在一起，没有使用透视法和明暗法，无法给人留下建筑方面的印象。而耶稣会传教士在中国所绘的画则成功让这些建筑被欧洲人理解，因为这些画作来自受过训练的欧洲人，也同样因为这个原因，这些画作的读者对这些作品的真实性有了更多信心。耶稣会传教士们真正地将真实的中国建筑以一种相当符合它的形式呈现出来，同时让这些建筑在西方人看来也变得可以理解。这些画非常有影响力，即使人们依旧自由发挥他们对于"中国"这个概念的想象。

---

① E.g. Vienna, Albertina: *Raccolta di Disegni di Diversi Maestri. Scuola Diverse*, vol. 15: *Paesi, Edifici, e Occupazione di Cinese*.

② Bibl. Nat., Dép. Est., Oe 38, *Bateaux*.

③ Bibl. Nat., Dép. Est., Oe 19, pet. in-fo.
在柯迪尔的《目录》中，它被描述为"乾隆时期"（1736—1796）。

巴黎国家图书馆藏有一系列"耶稣会水彩画"（Jesuit watercolors）。这些作品本身就形成了一个独特的群体，具有区别于欧洲作品和中国作品的特点。这些作品上既没有签名，也没有日期，我们只能推测它们的起源。它们被视为一组作品，但下面的列表只列举了那些对建筑和园林记述来说重要的作品。

《论中国建筑》（*Essai sur l'Architecture Chinoise*）[1]。它有两卷，包含一个简短的介绍性文本，包含建筑的建造技术图解、建造过程绘图，以及许多形状的小房子、桥梁、塔和伟大建筑的图像。每幅画都配有标题和简短的法文注释（图3和图4）。

《中国建筑》（*Edifices Chinois*）[2]。它包含大量详细的建筑立面图，包括一座寺庙、一座宝塔和花园里的一群小亭子的立面图（有一张由一个中国人绘制在绸缎上的孔庙平面图。这幅平面图归属于这一卷书，但不属于该书希望列举的材料）。

《中国凯旋门合集》（*Recueil d'Arcs de Triomphe Chinois*）[3]。它展示了中式风格的凯旋门，由石头、丝绸、刺绣和人工花卉组成，上面刻有中文和法文的题词。

《皇家园林和其他的中国风景画》（*Paysages Chinois Tirés des Jardins de l'Empereur, et Autres*）[4]。它包含四幅中式风格的大型风景画，画中的建筑散落在群山之中。

---

[1]　Bibl. Nat., Dép. Est., Oe 13, Oe 13a, pet. in-fo.
柯迪尔，《目录》，"贝尔廷的武器"。

[2]　Bibl. Nat., Dép. Est., Oe 23, cart. max.

[3]　Bibl. Nat., Dép. Est., Oe 24, cart. max.

[4]　Bibl. Nat., Dép. Est., Oe 26, cart. max.

《中国园林中的装饰石头》（*Pierres Employées pour Ornemens dans les Jardins Chinois*）[1]。它是瓷罐里奇形怪状的彩色石头的插画集，带有中文题词。

几乎所有的画都是经过仔细测量的建筑图纸，而不是来自遥远仙境的美景。大部分建筑都是严格的主视图，没有背景、人物或地平线，装饰物被画得非常清晰，细节入微。所有这些画都是用同样的技法绘制的，即在纸上用水粉颜料绘画，画得仔细而准确。这些画作颜色鲜艳，以红色和黄色为主：木制品为红色，屋顶是黄色，大部分装饰物是绿色，只有一点点蓝色。

人们可能会认为所有这些水彩画都出自同一人之手，这个人经过了系统的训练，能够很好地理解中国艺术，并且精通中国绘画技巧。尽管受限于大多数图纸都是建筑立面图，由于使用了透视法，绘画中的欧洲元素依然表现得很明显。此外，这些绘画作品中还使用了少量的明暗法。例如，借助阴影塑形。但反过来说，这些绘画作品中的阴影很少，体现了中式绘画的影响。这种影响可以明显地在画作的风景部分感觉到，这些风景模仿了中国山水画中北方画派的风格，尝试让典型的山脉符合透视的规律，但这种尝试的结果非常呆板，无法令人满意。这些画作的题词都写得很好，一个欧洲人能如此精通中国文字，这非常令人惊讶，但这也不是不可能。从这些画作的技巧上尤其可以得出这样的结论，即这位画家非常熟悉亚洲的绘画方法。有可能有中国画家参与了这些画的创作，但是这种猜测的可能性不大，因为这些

---

① Bibl. Nat., Dép. Est., Oe 44, in-fo.

画中缺乏中国绘画笔触的那种关键性的轻盈感。从这些画作的主题选择、题词和介绍文字中可以看出，这些绘画作品是专门为法国人所作的。他们采用了欧洲式建筑立面图的形式，而不使用中式的那种结合平面和立面的绘图方法。中式建筑绘图方法的例子可以在《中国建筑》中找到，可以清楚地感受到两者之间的差异。

这些绘画如此严谨而准确，展现出其作者拥有非常全面的关于中国的知识，这证明这些画作只能是耶稣会传教士的作品。另一个与此相关的证据出现在一本书的标题中，那是一本关于中国的书，书中复制了上面的很多画作：《中国、风俗习惯、服装……根据神父郎世宁（Castiglione）、中国画家蒲呱（Pu-Qua）、W. 亚历山大（W. Alexandre）、钱伯斯、戴德利（Dadley）……》，马尔皮埃（Malpierre）……巴黎，1825—1827。除了标题外，这本书中的绘画作品都没有提到画家的名字或这些作品的任何出处。在标题引用的名字中，只有郎世宁神父可能与这些水彩画有关。众所周知，他在中国风格的绘画领域很有成就，以至于中国人把他看作是他们自己的画家之一①。

郎世宁（Giuseppe Castiglione, 1688—1766）于 1715 年到达中国。在康熙皇帝的命令下他被要求学习中国画，并在中国画领域取得了惊人的成功，后来他得到了乾隆皇帝的特别优待。巴黎的吉美博物馆藏有他的作品之一，那是一幅用水粉颜料绘在纸上的卷轴画（makimono），画作展现了皇帝检阅马匹的场景。就像郎世宁其他所有的作品一样，我们可以在这幅画中发现一种奇怪的混合式风格。总的来说，这是一

---

① 他的中文名字是郎世宁（Lang Shih-ning）。

幅中国风的绘画作品，但是写实的细节又体现出了欧式的绘画风格。这种混合式风格让郎世宁的作品在中国受到很大程度的尊重，它们很有影响力。巴黎国家图书馆中收藏的那些水彩画也集中展现出了同样的风格特色，以及与郎世宁的绘画方式紧密相关的技法。这种相似性，再加上马尔皮埃所著的关于中国的书的标题，证明郎世宁很可能就是这些耶稣会水彩画的作者，尽管人们无法找到无可争议的证据来证明这一点[1]。这些绘画作品被认为大约绘于十八世纪中期。

通过这些水彩画，法国人从耶稣会传教士那里得到了一个对于中国建筑比较明确的概念，但他们在看到关于圆明园的画作（图6）后再次变得疑惑起来。在圆明园中，中国的欧式建筑为欧洲的中国艺术风格建筑提供了一个有趣的对比。乾隆皇帝对欧洲以及欧洲的建筑形式表现出了极大的兴趣[2]，他想要建造一座巴洛克风格的宫殿，他可能是从版画上知道这种建筑的[3]。为了满足乾隆皇帝的愿望，深受乾隆皇帝喜爱的郎世宁神父充当了他的建筑师，郎世宁设计了一座风格壮丽的欧洲风格的宫殿。这座宫殿在乾隆时期闻名遐迩，但是在他死后就几乎从未被使用。出于一种奇怪的巧合，这座宫殿最终在1860年被法国军队摧毁。

1786年，皇帝下令制作这些宫殿和花园景观的大型雕刻。这件作品是在耶稣会传教士的监督下由他们的中国学徒来完成的，这些中国

---

[1]　黄色是满族皇帝为皇家建筑所专门指定的颜色，画家为所有屋顶选用了黄色，这一事实表明画家与宫廷有所联系。

[2]　在皇帝的允许下，耶稣会于1699—1702年在皇宫内建造了一座欧洲风格教堂。神父杜德美（Jartoux）1704年从北京寄来的信中有关于这个的描述：*Lettres Edifiantes*, Recueil IX, p. 376.

[3]　O. Sirén, *Les Palais Impériaux de Pékin...*, 1926, vol. 1.

学徒学习这项技术还没有多久。这件作品的一些复制品流传到了欧洲[①]。

　　在圆明园中出现了一种全新的混合风格，这种混合非常奇特，体现出了郎世宁神父的才智。乾隆皇帝的命令限制了郎世宁个人的创造力，皇帝要求建筑中要以欧洲元素作为主导。在这座宫殿中，宽敞的楼梯和浮夸的建筑立面中穿插着壁柱，带有大量的飞檐，唤起了人们对巴洛克风格建筑的回忆。但是建筑的螺旋饰、柱头和墙压顶都展现了一种独特的风格，这种风格不能被直接划分到巴洛克风格或中式风格中的任何一类。然而，在这座建筑中可以看出一种贯穿始终的趋势，即倾向于剥夺形式的结构特征，并将其转化为装饰物，这些装饰物在建筑主体上编织起了一张展示其自身装饰性的网。园林的风格很正统，花坛、树篱、修剪过的树木和设计复杂的喷泉[②]都结合了法国式和荷兰式的建筑风格典范。圆明园的"欧式"宫殿充分展现了后期巴洛克风格与中式风格的融合是多么容易，因为后期巴洛克风格倾向于夸张的表现形式。面对这两种风格的混合物，人们很难辨认哪些部分是巴洛克风格的，哪些部分是中式的。当描绘圆明园欧式宫殿的版画于1786年被传到巴黎时，欧洲人关于中国建筑的知识已经得到了很大程度的扩展，因此欧洲人不认为圆明园是中式建筑的典型代表。然而，即使人们无法找到直接的例证，东方人和西方人都在追求的两种风格的完美融合可能还是留下了一些痕迹。

---

① 这些复制品制作于1794年，是为广东荷兰工厂的主管凡·布拉姆·霍克盖斯特（Van Braam Houckgees）制作的。

② 喷泉由伯努瓦神父设计建造，引起了中国人极大的钦佩之情。

第一部想要让欧洲公众了解中国建筑的作品是钱伯斯所著的《中国建筑设计……》（*Designs of Chinese Buildings...*）[①]。但是在阅读了引言之后，读者不禁会开始怀疑，自己到底是否在阅读一本严谨可靠的学术书。广州是钱伯斯唯一去过的中国城市，在那里，钱伯斯因为对建筑很感兴趣而开始绘画。在回到英国之后，钱伯斯编辑和校订了这些画作。尽管钱伯斯在中国的时间相对短暂，但他很有信心，觉得自己能正确地描述出中国建筑的重要特征。在钱伯斯看来，广东的建筑类型在其他任何地方都可以见到，其他地方的建筑也没有什么显著的变化，因为所有的中国城市看上去都差不多。钱伯斯从杜赫德那里继承了这样的观念，在某种程度上，钱伯斯与杜赫德的想法一模一样。

受"中国建筑没有什么区别"的理念影响，钱伯斯阐明宝塔只有一种建筑形式，也就是带有很多层曲面屋顶的南方式宝塔（图9）。钱伯斯还认为所有中国住宅都是千篇一律的，这一想法是一种陈旧的观念，他的前辈建筑师们也有这样的想法。再一次，他只选择了符合他西方式美学理念的建筑。钱伯斯对园林艺术进行了相当细致的描写，在书中占了整整一章，对于几座园林亭子也做了详细的描述，这体现出他对园林艺术的兴趣。他对于伟大的皇家园林没有了解，仅仅通过阅读他人的游记才能对此略知一二。钱伯斯承认中国人是园林艺术领域的大师，认为中国人的园林设计值得被西方模仿学习。《中国建筑

---

① 威廉·钱伯斯爵士，1726 年生于斯德哥尔摩，在英国长大，作为"去中国的瑞典船队押运员首领"到达广州，回来后在意大利学习建筑，在 1760 年成为乔治三世的宫廷建筑师，之后成为"国王的总审计长、女王的建筑师"·皇家学院财务主管"，死于 1796 年。参见 *The European Magazine and London Review*, March 1796, pp. [147]-148; W. Chambers, *Designs of Chinese Buildings...*, 1753.

设计……》中关于中式园林的章节，以及钱伯斯在 1772 年出版的《东方园林》①一书中对此章的详述，都是带着明显的目的性而写的。钱伯斯希望将中式园林设计作为武器，来反对规则式园林。

　　钱伯斯在观察和记录中国建筑时力求精确，但他的作品却未能幸免受到他自己的欧洲视野的影响，这种欧洲式的思维影响了他看待中式建筑的方式。他总是用欧式的学术思维来分析中式建筑，希望在中式建筑中找到他习以为常的欧式建筑原则，甚至将中式建筑与古希腊建筑相提并论。这也许是一种让他的读者欣赏中国设计的好办法，但这并不是正确理解中式建筑的关键。而且，通过测量几座特质相似的建筑物，他试图寻找中式建筑设计的比例规则。钱伯斯最终得出结论，即中国建筑并不遵循任何统一的比例规则，尺寸随意。钱伯斯在得出这一结论时并没有对中式建筑做出批评，但其略微不赞同的态度还是从字里行间透露了出来。

　　在这些绘画作品中，钱伯斯插入了他在广州看到的不同类型的建筑的平面图、立面图、横截面图、细部图等（图 9、图 13 和图 14），他还用文字仔细解释了这些图纸。与前人的大部分图纸相比，钱伯斯的图纸相当精确。但这些图纸有时会让人觉得比较粗糙，让人怀疑这些在一定程度上比较潦草的草图是不是绘于英格兰，是钱伯斯靠着不那么可靠的记忆来补充完整的。

　　钱伯斯的这本书被广泛阅读，产生了巨大的影响。这本书出版于人们对中国园林建筑产生很大需求的时期。同样，在那个时期，中式

---

① 　W. Chambers, *A Dissertation on Oriental Gardening...*, 1772.

风格的准确性开始变得重要了。建筑中真正的中国风格直到那时都不为人所理解，而尽管有些不足，钱伯斯定义中式元素的工作还是取得了成功。在所有模仿风格的细节设计中，都可以发现钱伯斯引入欧洲的中国艺术风格设计，钱伯斯引入的这些设计直到中国风潮的最后都占据着统治地位。

与钱伯斯的作品所产生的巨大影响相比，十八世纪下半叶其他对于传播中国建筑知识的尝试只起到了次要作用。拉鲁日的《英中式园林》（*Jardins Anglo-Chinois*）一书中包含四卷版画，这四卷书同样希望为更广泛的公众提供关于中国建筑的知识和建议，但拉鲁日的版画过于接近中国原本的建筑。在一些例子中，拉鲁日甚至结合了平面图和立面图，但这样的组合并不总是能达到良好的效果[1]，对原作进行几处微小的"改动"并没有让这些绘画作品变得更清晰易懂[2]。拉鲁日的版画没有改变中式建筑原本的形态，但其风景画部分则被改为了欧式风格。耶稣会的水彩画也进行了类似的改动，结果也和拉鲁日的一样不尽如人意[3]。拉鲁日版画中的建筑原型可能与中国木刻《皇帝的宫殿》具有同样的特性，但是拉鲁日的版画质量更高。《英中式园林》的第十五章和第十六章包含对中式园林建筑的描述，而第十四章描写的是普通建筑。

在这些版画中，故宫被描绘为由许多小型建筑组成的庞大建筑群，四周环绕着高墙，这些小型建筑彼此之间差别不大，细节上也几乎没有什么变化。有时会出现耸立着尖顶的宝塔，打断低矮建筑群那单调

---

[1]　Le Rouge, *Jardins Anglo-Chinois*, cah. 14.

[2]　同上，cah. 15, no. 2.

[3]　《中国建筑》，见 27 页。

乏味的直线，但这样的塔也只有一种类型，即屋檐向外突出的多层塔。与拉鲁日的书相比，钱伯斯的书有很多优点，因为钱伯斯直接接触了中国建筑原型，在由中国建筑原型所提供的丰富素材中收获了各种各样的建筑形式，而且不用受他人解释的限制。

　　拉鲁日对中式皇家园林的看法是基于向它学习的态度而形成的，这一点在引言中有所表达①，在这一点上，拉鲁日笔下的中国园林与钱伯斯笔下中国园林有所类似。拉鲁日的版画展示了不同形式的亭台楼阁和桥梁，它们分布在非正式的园林景观中，建筑周围树木秀丽，有各式各样的水塘和河流。只有较大的建筑群才遵循通常的轴向布局，园林中的建筑完全符合自然美的理想，不受正式规则的约束。

　　拉鲁日的版画出版得太晚，以至于它对中国艺术风格和中式建筑都没有产生太大的影响，因为欧洲人相信自己对这种风格已经了如指掌了。特别是因为欧洲建筑师们已经读过了钱伯斯的书，他们认为自己得到了足够的指导，已经可以建造中式的建筑了。有许多欧洲的中式建筑设计改编自钱伯斯这本广为流传的书，与此相对，直接参考中国建筑原型的平面图而设计的建筑少之又少。通过阅读拉鲁日出版的资料，以及比较中国艺术风格和直接来自中国的资料，我们会发现直接来自中国的资料很少被注意，也很少被用作建筑原型。另一方面，钱伯斯懂得如何满足公众需求。钱伯斯所遭受的猛烈抨击，特别是在他出版《东方园林》之后人们对他的不信任，都未能有损他持续了数十年之久的影响力。

---

①　Le Rouge, *Jardins Anglo-Chinois*, cah, 15, no.1.

　　上文所提到的书籍资料有许多不同种类，类型千变万化：早期的游记作者很诚实，但并不总能成功让异国的建筑形式被理解；杜赫德的插画肆意夸大了中国艺术风格的理念；斯汤顿和赫尔曼的叙述清醒且实事求是。中国的建筑原型并没有对消解欧洲人的困惑有多少帮助，耶稣会水彩画的影响也被限制在一个过于狭窄的范围内。有进取心的人从这些丰富的材料中吸纳了很多建议，但是这些材料对于一个想要形成一套关于中国建筑理念的完整观念的人来说，没有什么帮助，直到钱伯斯作品的出版。到目前为止，所寻找到的能作为建筑领域中国艺术风格形成来源的都是一些价值可疑的出版物，它们都有各自的局限性，要么是真实性存疑，要么是没有办法得到广泛传播。为了查明公众是如何了解异国建筑的，我们必须找到欧洲园林中那些中国艺术风格建筑的设计师，并通过他们的作品反过来追溯回本章所讨论的出版材料。

第三章
英中式园林

　　异国风格和怪诞风格的中国亭阁一开始是作为法国风的建筑庭园出现的。这些中式亭阁的主要特征遵循了法式园林的那种庄重规范的风格，而园林有时也会在建筑周围的环境中引入更多奇特的建筑形式和蜿蜒的小径，以此来让环境去匹配建筑的特征。然而在欧洲，很大一部分中式园林建筑都属于模仿风格。虽然模仿风格与新式园林风格，即英中式园林（Anglo-Chinese Garden）和英式风景园林（English Landscape Garden）紧密相关，但其历史起源于十八世纪在英国开始的园林艺术的广泛革命。关于这个主题的作品已经有很多，本书在这里只强调几个重点[①]。

---

① A. Mangin, *Les Jardins*, 1867, pp. 254 ff.

H. Jäger, *Gartenkunst und Garten Sonst und jetzt...*, 1888, pp. 232, 276 ff.

R. Nichols, *English Pleasure Gardens*, 1902, pp. 250 ff.

A. Grisebach, *Der Garten*, 1910, pp. 106 ff.

C. H. C. A. van Sypesteyn, *Oud-Nederlandsche Tuinkunst...*, 1910, p. 190.

H. I. Triggs, *Garden Craft in Europe*, 1913, chap. XI, passim.

M. L. Gothein, *A History of Garden Art*, 1914, vol. 2, pp. 278 ff.

M. Fouquier and A. Dunchêne, *Des Divers Styles de Jardins*, 1914, Preface by L. Corpechot, pp. 3, 175.

V. Ja. Kurbatov, *Sady i Parki*, 1916, pp. 414 ff.

F. Hallbaum, *Der Landschaftsgarten...*, 1750-1893, 1927.

路易十四时期的厚重装饰风格受到对称规律的约束，而之后的洛可可艺术崇尚轻盈的装饰风格，摒弃了严格的规则，借用了中国的有趣而不做作的装饰图案。当人们厌倦了法国的规则式园林时，在园林艺术领域也发生了同样的风格转换。这些法式园林将建筑结构移植到了大自然中，在室外甚至也保持着礼仪的限制。在此之前，贵族们专制地要求他们的建筑师把人工的建筑规律强加给自然。现在，在发现自然景观的魅力之后，贵族们同样任性地做出新的要求，要将这种令人赞叹的新式魅力都收集到庄园内，以便其主人在园林设计师的努力下，可以免于遭受未开垦的土地所带来的种种令人不适的惊吓。这样，庄园主就可以平静地享受自然，专心唤起自己灵魂深处的感受。

神父王致诚（Attiret）于 1743 年写过一封信，信中详细描述了中国皇家园林园明园的景象。当这封信变得为人所知之后，西方人民以极大的热情欢迎这些来自远东的理念，因为它们完全符合当时新出现的需求①。在中式园林设计中，西方人发现了他们所想要的园林中的一切，那是一种全然不同的景观，带有千变万化的氛围。园林中的自然有许多层次，尤其是以不同形式存在的水域。园林中还带有游乐场所，以及亭台楼阁。这些亭台楼阁可以用来举办非传统节日的庆典，也可用于独自冥想②。渐渐地，"中国园林"这一术语成为所有西方

① *Lettres Edifiantes et Curieuses*, Recueil XXVII, pp. 39 ff. 关于北京附近的皇家园林的简短描述已于 1732 年出现；同上，"Lettre du P. Gerbillon," Peking, 1705, Recueil X, pp. 415-417.
② 中国人对园林最著名的描述来自政治家司马光（1019—1086）。翻译见：*Mémoires Concernant l'Histoire… des Chinois*, vol. 2, pp. 645-650. 这个描述的翻译至少在 1777 年之前就已经为人所知了，然而，当 C. H. 瓦特莱（C. H. Watelet）在他的关于园林的论文（*Essai sur les Jardins*, 1774）中引用这段描述时，这段话只被称作"一个中国圣人"（un sage Chinois）对园林的描述。参见 Gothein, *A History of Garden Art*, vol. 2, pp. 241-242; R. von Delius, *Der Chinesische Garten*, [1923], pp. 10-18.

新式园林思想的载体①，直到英国人开始发声，宣称风景园林完全是英国人的发明②。在欧洲大陆，"英中式"（Anglo-Chinese）这一术语已被广泛使用，以表示英国景观设计师所理解的对于不同中式园林理念的应用。但很快，"英中式"这个词就被用于形容任何不同于勒诺特尔（Le Nôtre）式的园林设计。

想要在中国园林和风景园林之间划出一条清晰的分界线非常困难，因为它们在许多情况下互相重叠。尽管如此，为了明确英中式园林的各个组成部分，我们还是需要区分十八世纪的中国园林和风景园林的基本形式有哪些不同，这一点至关重要。对于当时的欧洲人来说，中国园林是一场与大自然的可能性嬉戏的游戏。所有在自然中看似奇异的东西都可以被应用，被强调。如果空间有限，可以仿制成微型景观。在空间宽敞的地方，可能会夸大它们的特征，并在大尺度上形成反差。由自然或建筑形式所带来的惊喜元素起着重要的作用。艺术被用于园林的每一个角落，但这种运用不是为了把理念强加给自然，而是为了帮助它，为了展示自然的优点，使自然发挥它最大的优势，从而引入色彩以及游戏精神。

风景园林的特点包括草坪、树木丛生的植被、蜿蜒的小径以及曲折的水道。英国人提倡纯粹的园林风景，这意味着园林中的景观对乡村自然景观的模仿，他们把园林看作一种封闭的自然景观。园林内的

①　翻译自赫斯菲尔德的《理论》（Hirschfeld, *Theorie*, vol. 1, p. 81）："在后来的时代里，世界其他所有地方可能存在的园林中，没有一个像中国园林那样受到关注——人们被中国园林，或者在这个名字所代表的那种足够迷人的东西所吸引。它不仅成为人们赞赏的对象，而且成为模仿的对象。"
②　Reichwein, *China and Europe*, p. 115.
弥尔顿在《失乐园》（*Paradise Lost*）中对于伊甸园的描述经常被理论家当作景观花园历史的起点。因此，他们试图记录景观花园相对于中国模型的独立性。

景观可以被美化，但只能用一种纯自然的方式来美化。树木不能被特意修剪，但可以在某种程度上被种植和培育，使得树木能以一种看似浑然天成的方式来展现自己令人赏心悦目的一面。尽管人类的双手已经巧妙地干预其中，为观看者的眼睛和情感安排了一场盛宴，但观看者依旧会心存幻觉，觉得大自然才是这一美景的创作者。

在中国的园林中也能找到这种欧洲的园林设计哲学，与之相伴的还有人们通常会与远东地区联系在一起的那种游戏性的时髦感。这解释了为什么风景园林的诞生会伴随着如此多的争议。英国人发展了风景园林的概念，并把中国园林建筑的奇思妙想介绍到了欧洲。因此，人们会混用"英式"园林、"中式"园林和"风景"园林这些术语。这些概念都坚持非对称性原则，支持园林设计对于自然的模仿，都反对法国式的规则式园林。自从坦普尔（Temple）于 1685 年前后写下了文章"伊壁鸠鲁的花园"（Upon the Gardens of Epicurus），作为一种景观单元的中式园林就开始频繁地出现在文献资料之中[1]。1712 年，阿迪松（Addison）将中国园林视作园林设计的巅峰。阿迪松和亚历山大·蒲柏（Alexander Pope）是新式园林运动[2]的倡导人，是无数新式园林理论家的带头人，他们让英国成为这一运动的领导者。然而，中国园林并不一直都能得到新式园林支持者的赞扬。比如，园林设计师兰利（Langley）虽然极力支持园林设计的新理念，但却完全没有提到远东地区对这一理念的贡献；另一方面，韦尔[3]（Ware）在他关于建筑的伟大作品中用一个短小的章节向中国致以敬意，将中国视为风景

<hr>

[1] Sir W. Temple, "Upon the Gardens of Epicurus," reprinted in *The King's Classics*, 1908, pp. 53-54.
[2] Reichwein, *China and Europe*, p. 114.
[3] I. Ware, *A Complete Body of Architecture*…, 1768, pp. 645-646.

园林的创造者。在这些作家的笔下，以中国园林之名出现的都是纯粹的自然山水式园林。在法国风格的束缚下，这些欧洲园林研究者把目光投向中国，以此发展他们的理念——让园林能够自由地模仿自然。神父王致诚和钱伯斯将英式风景园林描述为一种想象中的中国园林，但对于许多建筑物来说，事实并非如此。英式风景园林有冬园、夏园，有明亮而壮丽的景色。霍勒斯·沃波尔（Horace Walpole）很清楚中式园林与英式风景园林之间的区别，他有意识地将两者加以区分。霍勒斯·沃波尔把风景园林的发明完全归功于英国人，而批评中国园林。他认为中国园林就像法国园林一样虚假而矫揉造作，并对中国园林加以奚落①。在钱伯斯的《东方园林》一书出版后，类似将中式园林与英式风景园林加以区分的意见经常出现，例如威廉·梅森（William Mason）有趣的《写给威廉·钱伯斯爵士的英雄书信》②。就在写这本书前不久，这位作家还着手创作了一首感伤派长诗，名为《英国园林》③。诗中赞美英国未经人工雕琢的园林，但却没有提及远东的园林。

　　在钱伯斯把所有人的兴趣都集中到中国园林上之后，中式建筑变得越来越多，纯景观园林的理论家们再也不可能完全忽视这种外来的影响。然而，这些理论家们坚持自己的观点，认为英格兰才是新式园林原本的发源地，他们对所有外国的风潮，尤其是中式建筑风潮，仅

---

① H. Walpole, "On Modern Gardening," *Anecdotes of Painting in England...*, 1849, vol. 3, p. 799, 脚注: "中国园林已经发展到了一个极端荒谬的阶段，就如同法国园林和所有古代园林都向另一个极端发展，两者都与自然同等遥远……"
类似的观点也出现在 R. Steele, *An Essay upon Gardening*, 1793, p. 132: "通过用我们的双眼欣赏自然景观的适当性和美丽，我们将避免旧式园林风格中的几何规则，以及当时中国园林中奇怪而不规则的异想天开。"

② W. Mason, *An Heroic Epistle to Sir William Chambers...*, 2nd ed., 1773.（First edition 1757.）

③ W. Mason, *The English Garden: a Poem in Four Books*, 1777-1781.

仅做了些<u>轻蔑的短评</u>①。新式园林风格迅速在欧洲大陆传播，它通常被称为"英国的"，像慕尼黑的英国园林。只有少量典故提到这种风格的中国起源②，而且这样强调中国常常只是为了有损英国人得到的赞誉③。

---

① W. Marshall, *On Planting and Rural Ornament*, 3rd ed., 1803, pp. 195-196.

② 翻译自 C. C. L. 赫斯菲尔德《关于乡间别墅和花园艺术的说明》（C. C. L. Hirschfeld, *Anmerkungen über die Landhäuser und die Gartenkunst*, 1779, p. 46）："他们说，这是一个遥远的民族——这是不可否认的——一个自己风都还没有得到人们尊重的民族，却成为了欧洲人的榜样，向有教养的欧洲展示了什么是真正的园林艺术。中国人启发了英国人，英国人接受并利用了这种启发，并传达给其他西方人。"

翻译自阿贝·德·里尔（l'Abbé de Lille）的《花园》（*Les Jardins*, 1782, p. 116, footnote to p. 27, verse 4）："肯特……是第一个成功尝试自由式园林风格的人，这种风格开始在整个欧洲传播。毫无疑问，中国人是这种风格最早的发明者。"

翻译自查尔斯·约瑟夫，莱尼王爵（Charles Joseph, Prince de Ligne）《贝洛伊一览》（*Coup d'Oeil sur Beloeil*, ed. E. de Ganay, 1922, pp. 101-102）："当我说到'英式园林'时，我们得记得这不过是一个惯例上的说法，因为这种园林实际上是中式园林。因为很少有人知道中国人擅长这种风格，就如同中国人擅长其他许多风格一样，所以人们认为应向公众认知屈服，也就称呼它为'英式园林'。然而，可以肯定的是，正是因为中国人的风格，英国人才赢得了现在的这种声誉。"

之后，这篇文章的作者莱尼王爵改变了想法，出现了自相矛盾。这一点可以从下面的翻译中看到：《军事杂集》的文学与情感上刊载了"我的避难所"一文的补篇（"Mon Refuge, Supplément," *Mélanges Militaires*, Littéraires et Sentimentaires, 1801, vol. 21, p. 108）："认为中国人对欧洲园林风格的改变有所贡献是一种错误的看法。"

翻译自 H. L. 曼济（H. L. Manger）的《建设波茨坦的历史》（*Baugeschichte von Porsdam*, 1789, p. 267）："在无忧宫（Sanssouci）的园林中开辟了许多蜿蜒曲折的小径，其中一些设计甚至采用了中国人的风格，或者用现在的话来说，采用了英国人的风格。这些小径边缘种着许多种异国植物。"

③ Walpole, "On Modern Gardening," p. 799, 脚注："最近几年，法国人采用了我们的园林风格，但是，法国人选择从根本上感激更遥远的竞争对手，他们拒绝承认我们一半的功劳，或者甚至否认我们发明的原创性。为了做到这一点，法国人将这一新式园林的发明归咎于中国人，并把我们的园林审美叫作'英中式'。我想我已经证明这是一个大错，而且中国园林已经发展到了一个极端荒谬的阶段，就如同法国园林和所有古代园林都向另一个极端发展……"

Marshall, *On Planting*, p. 195, 谈到了法国人的"嫉妒"。

Le Rouge, *Jardins Anglo-Chinois*, cah. 15, no. 1: "……每个人都知道英国园林只是中国园林的一种模仿。"

A. Laborde, *Description des Nouveaux Jardins de la France…*, 1808, *Discours Préliminaire*: "……我们的现代花园不是盎格鲁人的发明。这些是古人的花园，特别是彼特拉克的花园。这些是大自然的花园，英国人回归了一点，而不是我们自己。他们不是一直指导我们进入这门艺术，而是一直模仿我们。"

编辑鲍姆加特纳（Baumgärtner）在《创意杂志》（Grohmann, *Ideenmagazin*, vol. 5）的引言中表达了非常奇怪的观点："园林建筑已经发展到了一个很高的程度，而且仍在继续向前发展。赫斯菲尔德首先开辟了道路，他尤其将富裕的英国民族的注意力转向了这项研究……"

虽然景观园林中可能存在人造建筑，但人们认为它不应该过于强调自身的存在，人造建筑不是园林中的一个重要的元素。另一方面，中国园林——这里的中国指的是十八世纪的中国——可能会包含更多的中国艺术风格建筑。即使这种新式园林的风潮是从英国开始的，但其中国起源不可否认。在中国风的影响下产生了奇怪的园林形式，其规划、植被种植和建筑上都带有强烈的异国情调，在中国风的范畴内往往对应怪诞风格。钱伯斯的书①在很大程度上促进了这些中式园林的诞生，也是它们灵感的源泉。钱伯斯证实了神父王致诚对中式皇家园林的描述，丰富了更多的细节，意在展示中国园林是自然中的精彩部分与精巧建筑的巧妙结合。相比之下，欧洲园林各有所短。一方面，法国的园林不过是中规中矩的游乐场所，另一方面，乏味的英国式园林只是从自然风光中选取了一小块给圈起来。赫斯菲尔德（Hirschfeld）将钱伯斯第一本书②中讨论园林的章节称为"最吸引人的描述"。正如他所形容的那样，钱伯斯的第一本书受到了广泛的欢迎③。《东方园林》同样激起了人们更多的激动之情，但同时也引起了很大的争议。钱伯斯被指控夸大和歪曲他书中讨论的话题，认为他这么做是为了支

① *Designs of Chinese Buildings…*, 1753; *A Dissertation on Oriental Gardening…*, 1772; "Of the Art of Laying Out Gardens among the Chinese," *The Gentleman's Magazine*, May 1757, pp. 215-219.
② Hirschfeld, *Theorie*, vol. 1, p. 82. 他指的是钱伯斯的《设计》（*Design*）。
③ 翻译自 A. N. 杜申（A. N. Duchesne）的《论园林的形成》（*Sur la Formation des Jardins*, 1775, p. 61）："1757 年，钱伯斯先生以比第一次描述更为明确的方式提出了中国关于园林铺装的想法，这些园林理念在英国和法国都已经取得了显著的进展。"

持他的园林理论，钱伯斯甚至被怀疑是在拿他的读者取乐[1]。随着时间的推移，人们越来越不重视钱伯斯的作品，十九世纪早期的园林作家不再认为钱伯斯值得关注[2]。然而，尽管遭受了无数的批评和非议，只要有文章提到中国园林，钱伯斯的作品就会被引用和复述[3]。除了钱伯斯的作品外，没有其他任何消息来源可以宣称自己具有那种重要性。在某几个例子中，那些指责他夸大事实的人是对的，但他的书远远没有他的反对者所宣称的那样荒诞。

---

[1] 翻译自赫斯菲尔德的杂志《理论》卷1，第99页（Hirschfeld, *Theorie*, vol. 1, p. 99）："简而言之，他在中国的土壤里植入了英国人的想法，让它们看起来更加引人注目，并使它们更令人印象深刻。"同上，卷5，第50页："……人们会假设它们的作者钱伯斯只是在信口开河。"
翻译自赫斯菲尔德的《花园爱好者的口袋书》（Hirschfeld, *Taschenbuch für Gartenfreunde*, 1782, p. 82）：（关于钱伯斯，《东方园林》），"与此同时，他的这一举措欺骗了半个欧洲。人们相信了他的话，不再追问下去，这种偏见很快就变得普遍起来，因为他的作品被所有英国的和法国的期刊作为摘要发表。"
翻译自 C. -F. -A. 莱扎伊 - 马尔内西亚的《景观，或关于乡村自然的论文、诗》（C. -F. -A. Lezay-Marnésia, *Les Paysages, ou Essais sur La Nature Champêtre, Poème*, 1800, p. xxix）："钱伯斯先生的异想天开……他被东方的庸俗趣味冲昏了头脑，他进一步夸大了这些想法的庸俗性。"
G. Mason, *An Essay on Design in Gardening*, 1768, p. 50, 脚注："读者可能在文中看到，我并不是很依赖它的真实性。"这里的"它"指的是《东方园林》。
H. I. Triggs, *Garden Craft in Europe*, 1913, p. 292.
[2] H. Repton, *The Art of Landscape Gardening*, 1907, pp. 166 and note 38, p. 239："……愚蠢的自负……就像威廉·钱伯斯爵士描述的那些……"
G. W. Johnson, *A History of English Gardening*, 1829, p. 212："他（钱伯斯）的中国园林极其愚蠢。"
翻译自柏太德的《处理构图和装饰花园》（P. Boitard, *Traité de la Composition et de l' Ornement des Jardins*, 1825, p. 5)："但正是英国建筑师钱伯斯向我们展示了不受约束的想象力会造成什么后果。"
[3] François-Henri, Duc d'Harcourt, *Traité de la Décoration... des Jardins*, ed. Gannay, 1919 (written circ. 1775), pp. 76 ff.
翻译自赫斯菲尔德的《理论》，卷1，第82页（Hirschfeld, *Theorie*, vol. 1, p. 82）："阅读他（钱伯斯）的描述，就好像凝视着一个共同的源泉。尽管经过了或多或少的变化和增补，其他所有的描述都是从这个共同的源泉产生的。"
Hirschfeld, *Anmerkungen*, p. 52.
De Lille, *Les Jardins*, p. 116.
J. G. Grohmann, *Handwörterbuch über die Bürgerliche Baukunst und Schöne Gartenkunst*, 1804, p. 195.
Conte Ercole Silva, *Dell' Arte dei Giardini Inglesi*, [1801?], pp. 18 ff.

钱伯斯所描述的中国园林的主要特点在斯汤顿（Staunton）的书^①中得到了再现。在西方人看来，这样的园林简直是不可思议的创造。在占地广大的皇家园林中，人们有无限的方法来满足皇帝所有的心血来潮。在迷人的景色中，花团锦簇，溪水蜿蜒，还有艳丽的亭台楼阁；但这一处迷人的风景旁可能就伴随着恐怖的场景，在荆棘和令人恐惧的岩石之间的不毛之地，一间被烧毁的棚屋的残骸可能悬在悬崖上，绞架和车轮在远处隐约可见。有时候，园林里的一些特殊区域会根据四季变化而有不同的设计：冬天可以观赏常青树，夏天也有树影婆娑，花按照花期排列。园林中的每一个区域都坐落着各自的建筑，它们的用途多样，因此形式和大小也各不相同，有宽敞的餐厅，也有坐落在山顶用来欣赏风景的小亭子。

每一个西方园林的主人都梦想着在他的小天地里模仿中国这些广阔的游乐场，拥有那种梦幻般的奢侈享受。这股新式风潮在各地肆虐，许多美丽的旧式园林都成了流行的牺牲品。花圃和修剪整齐的树篱被移除，取而代之的是堆起的小山，一条小溪和几条小径蜿蜒穿过长满青草的平原，各种异国植物被搜罗进来，树木按自然群落排列种植，专业术语上称之为"树丛"^②（clumps）。接下来，园林建筑的结构在其中起了很重要的作用，而且显然这些园林建筑的数量不可能有太多。小山上需要点缀一座亭子，小溪上需要一座桥。如果水域变宽成为一片湖，那就必须配有一艘小船。还要有鸟舍来庇护稀有的禽类。这些

---

① Staunton, *An Authentic Account of an Embassy*, vol. 2, pp. 121 ff., 241 ff., 306 ff.
② 有关这类花园的设计和规划可在拉鲁日的《英中式园林》（Le Rogue, *Jardins Anglo-Chinois*）和庞瑟龙的《英中式花园集合》（Panseron, *Recueil des Jardins Anglo-Chinois*）中找到。在庞瑟龙书中的小园林规划图中，几乎每一个都在其设计中标明了中国亭的位置。

由木材、锡和油漆制成的小型工艺品，成本并不高，但在当时的人们看来，效果已经非常令人满意①。即使希腊式或哥特式的建筑都混杂分布在这样的园林中，这些园林主人也会自豪地称它为英中式园林②。

所有这些园林的设计都经过了改动，没有一个与它们的中国原型保持一致③。这一时期，英中式园林备受青睐，它们大量存在的事实被理论家们的诸多批判和讽刺所证明。理论家反对这一时期的设计中所体现出的低劣品味，包括对于英中式特征的夸大④。这种风格所拥

① 威廉·哈夫彭尼和约翰·哈夫彭尼表明他们大多数设计的成本在 50 英镑到 450 英镑之间，见 *Rural Architecture in the Chinese Taste*, 3rd ed. [约 1755?]
② G. Thouin, *Plans Raisonnés de Toutes les Espèces de Jardins*, 1819, 序言："三个主要系列……2. 中国花园，英式或不规则类型，其原则是它们的建筑商的任性或幻想，以及业主的能力……第二系列的花园在一个非常精致的空间里提供了各种奇妙的形式，以及各种各样的艺术作品和各种各样的工厂，彼此之间没有必要的联系。"
③ 在德国德绍市附近的奥拉宁鲍姆（Oranienbaum），人们仍然可以大致了解中国十八世纪末的园林是什么样子的。小溪上横跨着几座小桥，其中两座桥被保留了下来；然后小溪变宽，通往一个池塘，一座中国茶室建在塘边，茶室四周环绕着微型岩石岛屿；这些岛屿过去是由小拱桥连接的，现在这些小桥已经不复存在了。这个池塘实在太小了，不适合划船，但是池塘里停有一艘平底船，这艘船不能通过岛屿之间的狭窄水道，也不能通过小溪。一座宝塔矗立在一座人造山上，这座山中凿有一条隧道。通过这个隧道，可以从树丛中看到城堡的远景。
④ F. Coventry, "Strictures on the Absurd Novelties Introduced in Gardening," *The World*, April 12, 1753, no. 15.
J. Möser, "Das Englische Gärtchen," *Patriotische Phantasien*, 1773, vol. 2, no. 77, pp. 330-334.
翻译自赫斯菲尔德的《理论》，卷 4，第 14 页（Hirschfeld, *Theorie*, vol. 4, p. 14）："幼稚的模仿……不足……超越了自然那理智的爱……有时，整个场地只不过由草地上的一条弯弯曲曲的小路组成……有一条小溪。最后，所有这一切都围绕着一座中国桥，而这座桥坐落在并不需要过桥的地方。"
翻译自拉博尔德的《新花园的描述》（Laborde, *Description des Nouveaux Jardins, Discours Préliminaire*）引言："然而，因为所有的艺术在其早期阶段，当它们被某些例子引导时，很容易偏离真理的道路。许多人被中国的风格所吸引，希望在很小的空间内呈现尽可能多的不同场景，就像许多人同时在挂毯上描绘一样。人们认为用各种稀奇古怪的办法折磨这片土地是好的，在土地上建造一堆小山丘，人们通过曲折狭窄的道路才能到达那里。皮埃尔的蒸汽泵每周两次从一块巨石上喷出一股水流，这所谓的瀑布填满了一条孩子都可以跳过的石砌河流；一百座小桥，一百条小路，一百条小运河蜿蜒在腿上，使人不断地后悔为什么不设计先辈们那种笔直的步道，后悔失去了繁茂枝叶的遮蔽。至少之前人们可以在园林中笔直地行走，还可以和同伴聊天。"

有的唯一重要的书面上的被告是莱尼王爵（Prince de Ligne）。莱尼王爵在他的人生和他的花园设计中都不顾规则和惯例，遵循自己每一个古怪的念头，为此他有充足的手段可以达到他的目的。尽管他嘲笑英国人在园林中摆放微型瓷器的做法，认为这样的园林装饰很琐碎[1]，但他在自己宽敞的庭院里几乎摆放了他那一代人所喜爱的每一件稀奇古怪的玩具。在他位于埃诺省的贝洛伊（Beloeil）庄园中，十八世纪的天真快乐体现在五颜六色的奇珍异宝中，无用而富有魅力的玩具在这里得到了最后的表现。莱尼王爵似乎并不介意自己的不自洽之处，他对自己异想天开的计划和创作进行了愉快的描述，然而在评价欧洲大陆的园林时——他在自己频繁的旅行中见过许多欧洲园林——他表现出一种有教养的、不带偏见的品味，毫不犹豫地将新式园林风格的优点与夸张之处区分开来[2]。

　　莱尼王爵是接受了十八世纪百科全书式教育的典型代表。因为他对于什么领域都有涉猎，自然会觉得自己在园林艺术方面会大有所成。在大量油墨印刷品的帮助下，园林艺术从规则的禁锢中得到了解放。在无法无天和不对称性成为新式园林的主要特征之后，每个门外汉都认为自己适合在自家的花园重建过程中实践自己的想象[3]。根据钱伯

---

[1]　Prince de Ligne, *Coup d'Oeil sur Beloeil*, 1795 年增补版。

[2]　后来他的批评变得更加严厉。在他晚年的作品《我的避难所》中，他尖锐地批判了英中式园林的一切弊端。

[3]　翻译自赫斯菲尔德的《花园爱好者的口袋书》，第 175 页（Hirschfeld, *Taschenbuch*, p. 175）："当一个人在纸上用绿色颜料描绘出一片草坪，然后也许在一条干沟上画出一座高高的中国桥，再在另一个地方画出一座塔时，这整个园林的设计看起来很迷人，似乎也很容易实施，整个设计过程都伴随着非同寻常的满足感……这个人继续以这种低劣的品味来建造园林，最终用德国风格建造了一座英国园林。自然的尊严……正在丧失。"

斯的报告，中国园艺专家不仅是植物学家，也是画家和哲学家。考虑到完全未经训练的欧洲人所设计出的那些糟糕的成果，中国园艺专家设立的那些标准似乎也合情合理。这些欧洲园林设计师是如此无助，以至于出现了大量关于园林规划的操作指南，以及大量带有平面图和建筑图像的模型书，这些指南和书籍还被翻译成了多种语言。欧洲人对于这类帮助的需求无疑非常合理。

十八世纪是个回顾之前"黑暗统治下的世界重归于阳光之下的时代"①的世纪，人们纷纷尝试将教导和知识训练的方法推广到更广泛的领域去，即使是品味也需要革新。人们相信建议和有益的提示在任何地方都会产生好的效果。在园林设计领域，因为人们的需求很大，这些建议和提示就特别多。欧洲人已经听说过中国的那种建筑风潮，他们已经认识到自己过去的园林风格非常荒谬。因此，欧洲人，尤其是欧洲大陆的人，都想通过建造一座英国园林来尽快证明自己的高级品味。所以有关英国园林艺术的书籍的原版和译本都备受追捧，这些书的法语、德语或意大利语的山寨版也很受欢迎。歌德（Goethe）在他的小说《亲和力》（*Die Wahlverwandtschaften*）的第六章中描述了人们如何在晚上学习英语版的园林设计书籍，并且根据书上的建议美化自己的园林，还把计划绘制在庄园的地图上。人们都对自己充满了自信，认为自己的能力无人能及。尽管所有的园艺理论都在强调"大自然的美胜过一切"，不应该被法国园艺师们的艺术所破坏，人们还是会将所有这些理论弃置不顾，忍不住去"改进"自然，哪怕只是做一些无害的改变，比如通过铺路、修建植被、修建钟楼来显示自然的

---

① Grohmann, *Ideenmagazin*, vol. 2, no. 16, text to pl. 9.

魅力。所有关于景观的热情都来自一个完全合理的理由，那就是花园应该反映主人的喜好，让它的主人心情愉悦。毕竟，园林不仅是从自然中圈出来的一部分，而且是一块允许主人根据自己的想法而加以利用的土地。园林的主人能在这片土地上有所作为，从而满足自己的愿望，收获快乐。

第四章
园林建筑设计

在那个时代，大规模园林的设计目标是成为一个宜人的区域，从而让那些希望在自己领地范围内享受自然的人能够放松惬意地休息，得到庇护。因此，有必要在园林内建造一些建筑以抵御恶劣的天气，还有些建筑被用于偶尔的庆典、满足玩乐的需要，另一些则是为那些喜欢独处的人所准备的。十八世纪的景观设计师很清楚，一座优美的建筑能给一处场景增添非常大的魅力，特别是当建筑和周围环境的特点融合之后。建筑的形式和颜色还会与周围郁郁葱葱的树木形成对比，让人赏心悦目。此外，建造园林建筑是一种潮流，所有园林的主人都觉得必须建造它们。但是应该建造什么样的园林建筑？可供选择的建筑种类非常丰富，许多建筑师忙于为这个问题提供所有可能的答案。园林的设计不仅已经摆脱了规则的束缚，而且园林建筑也不再被迫遵循那些学院法则，从而能够自由发展①。建筑师们的想象力不受束缚地漫游在所有建筑的可能性之中，这种想象力吸纳了所有的想法，扩

---

① 学院（the Académie）放松了对于园林建筑的规则限制，这一点可以通过藏于巴黎装饰艺术博物馆的版画（Musée des Arts Décoratifs, vol. 326，"Jardins et Kiosques"）得以证明。这幅版画展现了学院设计的一座亭子（大约在1783年）。"这种类型必须是自由的，人们可以使用中国的、土耳其的或其他的风格，而不仅是严肃的风格。"

大了十八世纪欧洲人的世界观。欧洲人渴望多样性，厌倦了古典形式的建筑，但他们还不能完全打破古典主义建筑的支配地位。类似"科林斯式、爱奥尼亚式和多立克式的柱式基本上都千篇一律"[1]的这种异端言论在崇尚古典主义建筑的理论家的作品中很少出现[2]，尽管公众更喜欢园林中带有异域风情的建筑[3]。

除了古典式、乡村式和哥特式风格，还有以下异国风格建筑：埃及式、摩尔式或土耳其式[4]、"塔希提岛式"和中国式。在十八世纪的欧洲人看来，中国式建筑与日本式建筑之间没有什么区别。从所有关于中国艺术风格和中式园林的讨论中很容易看出一点，即中国式建筑在所有这些建筑风格中起到了重要作用[5]。

---

[1] W. Beyer, *Die Neue Muse oder der Nationalgarten...*, 1784, p. 14, footnote 2.

[2] 翻译自赫斯菲尔德的《理论》，第 3 卷，第 81 页（Hirschfeld, *Theorie*, vol. 3, p. 81）："很明显，没有证据表明希腊人非常喜欢模仿外国建筑。"

同上，第 5 卷，第 235 页："我们时代的所有新式风格，包括中国风格和土耳其风格，都不应该进入这幅伟大的画卷。这幅画卷为我们集合了一系列最美丽的古典建筑形象。"这是对卡塞尔（Cassel）附近卡尔斯贝格（Carlsberg）的新式建筑的批评。

[3] Ware, *A Complete Body of Architecture*, p. 645："低级趣味的人厌恶希腊和罗马式的建筑，而推崇所谓的中式建筑。"

Walpole, "On Modern Gardening", p. 809："一位现代法国作家……说过，'对美的厌倦带来了对奇异事物的品味。'"

[4] 印度建筑直到十九世纪初才得到认可：

H. Repton, *Enquiry into the Changes of Taste in Landscape Gardening*, 1806, pp. 41 ff.

H. Repton, *Designs for the Pavillon at Brighton*, 1808.

F. L. von Sckell, *Beiträge zur Bildenden Gartenkunst...*, 1825, p. 21.

[5] 翻译自赫斯菲尔德的《理论》，第 3 卷，第 82 页（Hirschfeld, *Theorie*, vol. 3, p. 82）："在园林中引入新的趣味后不久，人们纷纷开始模仿那些罕见且具有异国情调的风格，似乎要用这些异国设计取代大胆的喷泉艺术，包括喷水的龙和狮子，还有设置在大道上的庞大喷泉，所有这些设计都还是刚刚开始被排斥。中国建筑开启了这股风潮，一切都是中式的（*à la chinoise*），不论是避暑山庄，还是寺庙和桥梁。人们被最奇特的幻想所迷惑，认为英格兰和法国那些只种植了本土植物和树木的园林也可以被称为中国园林——没有人会相信，我这是在描述附近一座被称为"中式"的园林。德国人甚至开始跟随我们这里的时尚。我们这里有几座园林，无论大小都充斥着中式建筑风格的玩意儿。如果这股模仿的风潮进一步推进，很快冰冷的北方将建造最炎热地区的通风亭阁。

　　当然，门外汉在仅仅参考了游记和中国商品上的图案所能提供的各种素材后，没有办法设计出一座能满足他所有需求的园林建筑。建筑师们完成了初步的准备工作，他们对中国园林建筑做了改动和简化，并将其与欧洲建筑元素加以混合，直到这些中国园林建筑成为一种富有趣味的珍品，被认为适合装点园林，且能满足西方人的实际需求。在大多数情况下，这一转化过程缩小了建筑的规模，还弄丢了许多中式建筑的原始特征。洛可可和古典主义元素与中式建筑混合，创造出了一种新式的异国风格。

　　第一批包含这些设计的著作大约出现在 1750 年的英国；在接下来的三十年里，英国出现了无数描绘中式园林或其他园林平面图的铜版画。异国风格和怪诞风格的中式建筑早在这些书出现之前就已经存在了，但这些设计书籍的出现意味着模仿风格的中国建筑成为一种普遍时尚。在法国和德国，这股潮流直到大约十年后才开始，并相应地持续了更长的时间①。1790 年左右，在英国出版的许多园林设计书籍中已经没有中国艺术风格设计的踪影②。差不多与此同时，对这种异趣的反对在法国开始得到体现，但我们发现有些建筑师直到十九世纪初一直坚持中国艺术风格。一直到 1825 年左右，德国一直坚持忠于中国艺术风格的设计。中国艺术风格在不同国家的发展应该分开来讨论，在谈及欧洲大陆的中式风格时，最重要的是要追溯到英格兰对它

---

① 翻译自格罗曼的《创意杂志》（Grohmann, *Ideenmagazin*, vol. 4, no. 46, text to pl. 4）："当上个世纪（十八世纪）过了四分之三，中国风格在我们的园林艺术中占据了主导地位，它最受人们欢迎。它必须认识到潮流的力量，让位于英式风格。" 从这里开始，格罗曼接着宣布了一种中式品味的新风潮。

② 例如，Wood, "Cottages," London, 1792; Middleton, "Cottages," London, 1793.

们的强大影响力。法国人在中式风格发展的早期阶段对德国有着强大的影响力，但后来法国也仅仅变成了英式狂热的中转站①，英国风格的影响范围已扩展到俄罗斯和匈牙利。

从大量的英国设计书籍中，本书挑选了那些包含中国园林建筑的书，在这里做一下简短的评论。

建筑师威廉·哈夫彭尼（William Halfpenny）和约翰·哈夫彭尼（John Halfpenny）于 1750 年发表了他们关于中国园林建筑的第一个设计作品集，后来被称为《中国风格的乡村建筑》（*Rural Architecture in the Chinese Taste*, 图 19 ～图 21）。这是一本建议手册，面向喜欢建设园林的庄园主。而在那个时代，每个庄园主都喜欢建设园林。书中包括给执行工人的实用说明、成本估算、材料描述、技术提示和关于在园林中哪些适当位置进行摆放的建议。

在回顾这些不同的设计时，很明显能看出中国的原型不可能被使用。在寻找相关的版画时，我们只能找到杜赫德关于中国建筑的书，尽管这些版画比起东方建筑更像是洛可可建筑。这些建筑在整体上表现出异国风格，装饰细节体现出怪诞风格②。西方的中式建筑不加选择地运用曲面屋顶和奇特花纹，忽略了这些元素之间的风格差异。除了挂在屋檐上的铃铛，即使是建筑上的装饰也很难在真正的中国建筑中找到原型。几乎所有这些带有异国风情的图案，比如蛇、龙、藤蔓和中式柱头，在远东的建筑中都找不到与它们一模一样的原型。关于中国建筑的文献资料可能与廉价瓷器上的装饰物被混淆了。任何奇怪

---

① 赫斯菲尔德（见 52 页注释⑤）用法语 "*à la chinois*" 的说法，以此说明德国的新式园林运动是一种愚蠢的跟风。

② 参照奇彭代尔式家具风格。

的想法都以随意的态度被接纳了，这种态度十分随意，因为欧洲人对
于中式风格的采纳并非出于艺术冲动，而是出于对独特性的狂热追逐。
除了简单的几何格纹设计，人们无法分辨不同中式风格之间的区别，
这种令人痛苦的现象随处可见。古典主义的和哥特式的设计被不加分
辨地与中式设计混在一起。这种新发现的哥特式装饰物具有不寻常的
生命力，这使它们看起来像是洛可可版本的东亚风格图案。带有卷叶
形花饰、尖顶状、呈双弯曲线型的哥特式拱门设计华丽，中国风格的
图案被毫不犹豫地运用到了这类拱门上。但是，哥特风格和中国风格
在建筑领域仍被忽视、被误解。当人们试图建造哥特式建筑时，建筑
师的无知暴露无遗，他们仅仅掌握了非常有限的设计原则①。这些所
谓的哥特式建筑被冠以中国风的上层结构，周围环绕着披着袍子的古
典人物雕塑。在一本关于中国建筑的书中放入那么多非中国元素，这
可能会引起许多批评。但哈夫彭尼父子措辞巧妙的铭文使得他们免受
这样的指责。例如，"一座部分带有中国风味的亭子"。哈夫彭尼父
子使用了"带有中国风味"的说法，而没有说"中式"，这种措辞非
常有特点。这种语言风格体现出哈夫彭尼父子的立场，他们认为混合
不同的建筑风格没有什么坏处，他们自己也清楚地知道书中展示的不
是真正的中式建筑，而是公众期待中的"中式建筑"。即使他们成功
迎合了公众的奇趣（goût du singulier），当代的文艺批评和讽刺作品
还是谴责了哈夫彭尼父子的做法②。

---

① Halfpenny, *Rural Architecture*, pl. 54.
② Coventry, "Strictures on the Absurd Novelties Introduced in Gardening," p. 89（对现代园林的嘲讽描写）："河上有一座桥，这座桥一部分是中国式的。"
翻译自赫斯菲尔德的《理论》，第 3 卷，第 83 页，脚注（Hirschfeld, *Theorie*, vol. 3, p. 83, footnote）："各种中国建筑是由英国建筑师威廉·哈夫彭尼和约翰·哈夫彭尼随心所欲地设计的。"

哈夫彭尼父子的另一本书出版于 1752 年，名为《中式和哥特式建筑》（*Chinese and Gothic Architecture*），书中包含了大量的房屋（大部分是乡间住宅）设计。当建筑物体积更大、设计也更简洁时，房屋结构和房屋装饰之间的风格不匹配变得更加令人厌烦，甚至比这种不和谐出现在园林装饰中的小型奇特建筑物上时还要糟。门和窗被毫无意义的涡卷装饰包围着，挂着铃铛，这对于一个住宅来说是一个不恰当的设计，因为没有人能真的忍受铃铛一直发出声响。在曲面屋顶上，建筑形式不用受到实用性的限制，因此屋顶上装点有"中国式"的栏杆，以此尽可能清晰地展现出"异国风情"；一座造型过于精致的中国亭子耸立在整个建筑之上。这本书中没有包含园林建筑，但它是对之前的《中国风格的乡村建筑》的重要补充。因为这本书中设计的乡间住宅注定会成为中式园林的中心，而前作中的装饰文案都是用来装饰中式园林的。

哈夫彭尼式的中国艺术风格不是一种建筑风格，而只是一种玩物，哈夫彭尼的作品没有办法适用于更大型的建筑。这种不惜一切代价也要将中式建筑现代化的尝试最后可见于哈夫彭尼的合作者莱特勒（Lightoler）的设计，莱特勒的设计试图通过用中国风格装饰品的点缀使整个农场更具魅力[①]。这座农场属于娱乐性农场，更多地服务于悠闲娱乐以及有趣的消遣，而非实用性的劳作。即使如此，这座农场的马厩和谷仓所体现出的中国艺术风格也并不是很有说服力。即使在中国，这些建筑也不会用寺庙和宫殿的装饰风格来装饰。

---

① T. Lightoler, *The Gentleman and Farmer's Architect*, 1774, pl. 17: "带有中国风味的小屋和农舍的平面图和立面图。"

哈夫彭尼还发表了其他一些类似于《中国风格的乡村建筑》（*Rural Architecture*）的中式建筑设计，这些设计同样是想象和异国情调的混合。这种混合毫无节制，但产生了一种有趣的效果[①]。同样的评价也适用于欧维尔（Over），他在《装饰性建筑》（*Ornamental Architecture*）[②]中的亚洲风创作在外观风格上深受哈夫彭尼影响，尽管他设计的雕刻图案体现出更多洛可可式的优雅。他的作品比哈夫彭尼的体现出更多中国式的理念，但他的这些理念似乎并非来自中国的建筑原型。

爱德华兹（Edwards）和达利（Darly）的作品呈现了一个完全不同的方面，这部作品于 1754 年出版，是一个收录了 120 幅铜版画的画集。它与其说是一本实用的设计书，不如说是一本收集了关于建筑和装饰艺术中的各种中国艺术风格建议的书。尽管这些画作看似是在传播关于中国的知识，但作者对它们都进行了必要的改动，以让这些建筑符合怪诞风格建筑的特征。书中建筑都是依据欧洲人的品味进行选择。除了描绘建筑图像之外，还描绘了中式的服装、镜子、椅子、风景，这些元素与从丝绸和瓷器上复制来的花纹图案组成了五彩的队列。建筑图纸中混杂着现实以及无拘无束的幻想，它们大多是奇形怪状的小型建筑，尤其适合装点园林。这些图只考虑了纯粹的装饰性，而不考虑建筑材料或结构。大多数设计得很随心所欲的作品很可能是二维装饰图案[③]的模型，而不是实际建筑的模型，因为实际的建筑很

---

① W. and J. Halfpennys, *The Country Gentleman's Pocket Companion and Builder's Assistant*, 1756.
② C. Over, *Ornamental Architecture in the Gothic, Chinese, and Modern Taste*, 1758.
③ 在靠近德国德绍市的奥拉宁鲍姆有一座中国茶馆，宝塔被用作桌上丝绸刺绣的图案模型。参见 Edwards and Darly, *A New Book of Chinese Designs*, no. 59.

难将这种程度的轻盈感与稳定感结合起来（图 22）。比起哈夫彭尼的建筑设计，这些图纸更像是洛可可风格的剧院装饰①。之所以会给人留下这样的印象，是因为画中带有很小的中国人物作为陪衬。几年后，德克尔（Decker）在他的《中国建筑》（*Chinese Architecture*）中重现了爱德华兹和达利的几幅版画，在原来的版本上做了一些改动②。德克尔所做的这些改动主要包括额外的装饰性螺旋饰、木质构件，以及尺寸上的修改。

　　所有这些设计都在艺术和技术方面完全忽视了真正的中国建筑，而这样的情况只会出现在钱伯斯关于中国建筑的书出版之前。十年后，公众不再满足于中国式③的洛可可奇幻玩意儿，而要求建筑的结构外观也是中国式的。同样，钱伯斯通过移植中国的建筑形式为欧洲中式建筑建立了模型，他把中国式的知识植入了欧洲土壤。1763 年钱伯斯发布了一部重要著作，是关于伦敦附近邱园的建筑的。大宝塔（the great Pagoda, 图 15 和 16）引起了人们相当大的兴趣，在法国和德国都有建筑模仿它的设计。英国的大多数中式园林建筑都是在这个时候建造的，但是理论家们已经开始对过度拥挤的园林建筑表示愤怒，尤其是对中国的建筑。这种批评逐渐开始造成影响，于是再也没有出现过关于中式建筑的重要设计书籍。

① C. Niessen, *Das Bühnenbild*, 1927, pl. 52.
② P. Decker, *Chinese Architecture, Civil and Ornamental*, 1759.
③ W. Wright, *Grotesque Architecture, or Rural Amusement; Consisting of Plans, Elevations...*, 1790, pl. 11: "中国石窟。" 这本书的第一版一定出现在 1776 年之前，因为就是在这一年，拉鲁日在书中复制了这个设计（*Jardins Anglo-Chinois*, cah. 4, no. 6）。拉鲁日抄袭前者的可能性更大，因为拉鲁日的复制与原作相反，且平面图经过了删减。

直到差不多十八世纪末，欧洲大陆一直依赖这些英国园林设计书籍，以及著名的英国园林的风景作为参考。这些书被广泛阅读，其中一些经常被盗版。法国出版的第一本重要出版物是拉鲁日的《英中式园林》，书中的设计掺杂有已建成的园林建筑，为这一领域带来了大量有趣的素材。这一设计集没有对书中的设计进行系统归类，来自欧洲各地的法式和英式园林与中式园林交替出现。对于十八世纪园艺艺术的知识来说，这项工作具有不可估量的重要性。书中的版画都来自不同的作者，大多数都不是拉鲁日设计的，它们通常选取自英国书籍。中国艺术风格设计质量参差不齐，风格也大相径庭，但几乎每一种风格都可以用拉鲁日的一个例子来说明；因为这些版画不仅包含了法国的园林风格，而且包含了整个中欧和西欧的风格，它们生动地描绘了十七和十八世纪园林规划的国际特征。

仅有法国起源的建筑设计并不多。例如，庞瑟龙（Panseron）的版画作品[1]很难被定位到园林建筑发展的某一个阶段上，因为他称之为"中国式"的亭子无法让观众（即便是十八世纪的观众）信服，它们与原作大相径庭。在一个例子中，这个设计的名称是设计中唯一的中国元素[2]；另一个例子起码有一个曲面屋顶来证明自己的中式风格，这个曲面屋顶与下面的实心圆塔结构形成一个奇怪的对比，让建筑看起来像一个中世纪的防御工事[3]。尽管庞瑟龙极力提倡中国园林建筑，并在他几乎所有的英国园林规划中都给中式园林建筑留有一席之地，

---

① Panseron, *Cahier Contenant en Six Planches des Pavillons Chinois.* 庞瑟龙的一些版画没有注明日期，但它们可能是在 1780 年至 1790 年间出版的。
② Panseron, *Six Cahiers des Jardins Anglo-Chinois*, cah. 2, no. 4.
③ Panscron, *Cahier Contenant en Six Ranches des Pavillons Chinois*, pl. 3.

但庞瑟龙在中国园林建筑的历史上并不是一个重要的人物。虽然如此，他依旧很令人感兴趣，因为他提供了一个鲜明的例子说明了"中式"这个词是个多么含混的概念。"中式"这个词可以应用于任何建筑，哪怕它们在传统意义上由于形式过于繁复，并不能被冠以这样的称呼①。此外，庞瑟龙的设计体现出了一个被普遍接受的事实，即一座园林中应该包含一个风格不同于普遍宏伟形式的建筑，这个建筑应该向"中式"靠拢。

如上文所述，欧洲人创作素材的来源并不局限于那些出现在设计书籍中的例子。许多矗立于著名新式园林里的亭子通过出版物或单张印刷品而广为人知，而它们反过来又激发了新的创作。钱伯斯关于邱园的书，以及拉鲁日的《英中式园林》已经开始被引用。十九世纪初，克拉夫特（Krafft）面向国际公众编纂的大型汇编巨著出版了。剧院中的中国艺术风格场景自从巴洛克晚期就开始产生影响②。

仅包含设计图纸的重要书籍直到十八世纪末和十九世纪初才出现在法国。然而，在已经建造完成的园林建筑中已经有一些中式建筑的例子。柏太德（Boitard）出版的各个艺术家的版画非常精确（图27和图28），这些设计师都从钱伯斯那里学到了很多，他们没有冒险去尝试太大胆的混合式风格，也没有偏离中式建筑的总体理念。在那个时代，欧洲的中式建筑已经很接近它们原本的样子。柏太德书中的设计显示了1800年左右法国建造的中式建筑的那种克制的风格。这些

---

① 在英国，"现代式"这个模糊的短语经常被使用。参见 Over, *Ornamental Architecture in the Gothic, Chinese, and Modern Taste.*
② Niessen, *Das Bühnenbild.*

作品的复制品由吉奥尔（Guiol）在 1818 年出版，摘自柏太德著作的早期版本[1]。图安（Thouin）的设计展现出想象力丰富的特点[2]，他再一次复兴了那种拥挤的中国式园林，里面满是色彩斑斓的建筑。这些建筑曾一度为世人所轻视，如今已被人遗忘。1828 年，他出版了他园林作品集的第三版，书中充满了中式园林建筑（fabrique）[3]。这些建筑设计中描绘了广阔的园林，其中挤满了大型中式建筑，大多是亭台楼阁和宝塔。大多数亭台楼阁和宝塔彼此之间在形式上几乎没有区别，细节上也没有完成得很清晰。该作品集的第一版刚面世的时候可能会引起一些兴趣，但也可能图安的体系没有被普遍接受。只在园林里摆满中式建筑是违反多样性法则的。在 1830 年前后，法国人对中式建筑的兴趣已经消失殆尽。

德国人有一本由格罗曼（Grohmann）出版的《创意杂志》（*Ideenmagazin*），这本关于园林建筑设计的百科全书中的园林建筑比其他任何国家拥有的都要丰富。这些设计起源于许多不同的国家[4]，这一特性使这一系列的作品带有国际性，但这是一种与拉鲁日的作品不同的国际性。拉鲁日编辑了任何与园林相关的作品，却没有试图在这些设计中达成统一。《创意杂志》中的插图主要想作为建筑模型，即使偶尔会有一个已经建成的建筑插图混入其中。这些建筑都是根据

---

[1]　Guiol, *Essai sur la Composition et l' Ornement des Jardins...*, 1818. 吉奥尔匿名出版了这本书，只重现了一个中式设计"中式船"（Bac Chinois），插图 35。（1823 年的版本包含多个中式设计。）

[2]　Thouin, *Plans Raisonnés de Toutes les Espèces de Jardins*, 序言："我们已经在不同的地方执行了这些计划中的大多数，而其他的计划都是根据从国外获得的、适合在欧洲不同地区实施的计划制定的。"（我找不到有关图安所建园林的任何遗迹或信息。）

[3]　*Fabrique*："园林建筑"一词的法语术语；意大利人采用这个词。

[4]　翻译自格罗曼，《创意杂志》（Grohmann, *Ideenmagazin*, vol. 1. no. 1, *Vorbericht*）："因为我们收到了伦敦的原件，我们还保留了英制尺度。"书中充满了抄袭。

它们是否适合德国园林而被挑选出来的。格罗曼的所有设计都由一种相当狭隘、带有资产阶级性质的统一精神所鼓动，这种精神更倾向于中国艺术风格的模仿风格，因为复制品不必害怕遭受他人对自己品味糟糕的指责，而人们总是能把责任推到原作上[1]。这些建筑被选编入书既是因为它们的实用性，也是因为它们的装饰性，它们是为了超越日常生活的界限而创造的，没有理会优秀品味和风格审美为那些有趣的时尚之子所设立的边界（图 31 ~ 图 36）。

在这个时候，对中国园林建筑的需求已经变得很普遍，以至于欧洲的建筑设计师不得不求助于廉价的大规模生产。正如书名所暗示的那样，格罗曼的作品旨在为公众服务，这一群体的家产没有王公贵族那样殷实，这解释了为什么在他的作品中只有极少数巨大而昂贵的建筑。举例来说，他的作品中不包含宝塔的设计，尽管这些有许多层屋顶的塔楼对每一幅中国式图景都必不可少[2]。除此之外，格罗曼对中国有着浓厚兴趣，在中国园林中呈现出各种各样的模仿风格的建筑，所有你可以在一个中式园林中想象到的东西他都有设计：开放式和封闭式的亭子，带有扶栏，有单层或双层屋顶；大门、栅栏、路标、旗杆、座椅、长椅、鸟舍、旋转木马、保龄球场、水泵、喷泉、桥梁、小船、浴场、天鹅屋——所有这些设计都没有任何秩序或体系，其中混合了

---

① Grohmann, *Ideenmagazin*, vol. 1. no. 5, pl. 1: "Eingang in einen Sinesischen Garten." 翻译文本节选："没有人会抱怨这个入口缺乏美感：它的确是美的，艺术家不能改变建筑的风格，但当艺术家进入了中国人的角色，他就确实成功了。关于栏杆（balustrades）的许多不同颜色，也有同样的情况。"（"栏杆"那个词也可能是棚架的意思。）

② 在第 4 卷第 46 期的插图 4 中有一个例外，那幅图展示了一些中国塔。但那些塔是探索中国本土建筑的一部分，其设计主要基于钱伯斯的著作；这里出现的塔只是为了补充这一关于中国建筑的描述，而不是为了成为一个设计模型。

古典主义、哥特式、埃及式、英国式以及其他多种设计。有些插图是彩色的。唯一统一的原则和目标似乎是一种炫目的快乐。

几年后出现的格罗曼的《小创意杂志》（*Kleines Ideenmagazin*）具有非常相似的特征。它是专门为那些想追逐新潮、想让园林"有品位"，但又希望不用花太多钱的人设计的。虽然格罗曼曾在《创意杂志》中的小型园林建筑中混入了一些更大型的建筑，他现在只局限于轻型材料和小型尺寸的设计。

格罗曼的这些"杂志"取得了巨大的成功，它们是连续发行的[①]，其中的版画经常被使用和复制。例如，克雷尼茨（Krünitz）在他的《百科全书》（*Encyclopedia*）中的"鲁索斯"（Lusthaus）一文中配有许多插图，这些插图来自"格罗曼常提及的《创意杂志》，它为新潮的建筑和装饰提供了许多优秀的典型"[②]。

1802 年,范·拉尔(Van Laar)在荷兰出版了一套园林建筑图纸集(图 30)，在设计布局和设计特点上完美模仿了格罗曼的作品，这套园林建筑图纸集同时复制了许多格罗曼的版画，但没有说明它们的来源。

由钱伯斯首创的模仿风格诞生了两件优秀的设计，它们由贝克（Becker）发表于 1798 年（图 37）[③]；它们由建筑师舍费尔（Schäffer）精心绘制，并附有详细的说明[④]。这些作品清楚地展示了钱伯斯的著

---

① 翻译自格罗曼著《创意杂志》，第 5 卷。《创意杂志》的编辑鲍姆加特纳（Baumgärtner）在引言中谈到"俄罗斯、波兰、石勒苏益格（Schleswig）、荷兰,甚至佛罗伦萨都邀请我继续这项工作，因为它掌握建筑的瑰宝，而这些国家缺乏优秀的建筑师……"

② 翻译自 Krünitz, *Encyclopädie*, pp. 3 ff.

③ W. G. Becker, *Neue Garten- und Landschafts-Gebäude*, 1798-1799, no. 1, pl. 5; no. 4, pl. 34（文中错称为 pl. 33）。

④ 翻译自同上，第 2 页："此时出现的这些都是舍费尔的发明。"

作对建筑师想象力的影响是多么致命，而且说明了模仿风格的学术趋势对建筑师的创造力是多么有害。但另一方面，贝克发表的作品也向我们展示了一种可能性——如果我们真诚地尝试依照中国建筑原型进行建造，而不要自作聪明地进行修改，结果会非常令人赏心悦目，即使这些建造只是一种尝试——模仿风格从未超越这个尝试的阶段[①]。

柯林斯克（Klinsky）"美化园林"的设计并没有超越"现代式"或"英式"的范畴，因为它们经常被称为乡村风格的朴素建筑。他唯一具有鲜明中国特色的绘画是一幅风景图，是对德国西里西亚地区（Silesia）的卡尔斯鲁厄（Karlsruhe）园中的鸟舍的详细描述（图81）。这与格罗曼规定的普通中式建筑没有区别，并将和格罗曼的作品放在一起讨论。然而，尽管柯林斯克的设计中没有通常的那种中国艺术风格的建筑群，他几乎所有的设计都受到了些许的亚洲风影响，这体现在他对于几何格纹的频繁使用上。柯林斯克使用的几何格纹正是哈夫彭尼最初引入的那种。这种格纹图案已经成为乡村建筑的特征之一，而其中国根源几乎被遗忘了。

斯蒂格里茨（Stieglitz）所著的关于新式园林的理论书描述了一些理想的园林，配有西格尔（Siegel）的版画作为插图。这部作品于1792年完成[②]，但它们并没有为后期的中国艺术风格在本质上增添任何新特征。书中的一些设计在1797年被格罗曼的《创意杂志》所复制，复制的时候没有写明原作者的名字[③]。

[①]　Klinsky, *Geschmackvolle Darstellungen Zur Verschönerung der Gärttn und Ofentlichen Plätze*, 1799.

[②]　Stieglitz, *Gemählde von Gärten*. Pl. II E is signed: "Siegel del. 1792."

[③]　Grohmann, *Ideenmagazin*, vol. 2. no. 20, pls. 4, 5.

在德国，与庞瑟龙的设计作品相对应的是沃尔弗（Woelfer）的园林装饰作品集，它显示出创新意识在 1825 年左右变得多么薄弱，园林设计师对风格的选择有多么犹豫，以及在逐渐获取大量的外国形式中保持秩序是多么困难。许多不同风格的元素被漫不经心地混搭在一起；被称为"中式凉亭"（Chinesische Laube）①的建筑与中国毫无关系；这些设计只是木匠想象力的可悲产物，很难配得上艺术学校的建筑师和教师。另一方面，书中对一座中国馆②的设计在构图和细节上都令人耳目一新，没有经过扭曲和篡改。这种差异的唯一解释是这个设计使用了一个优秀的中国建筑原型，这个原型可能出现在一本游记中，然后被这本设计集几乎一模一样地复制了下来。

十八世纪末和十九世纪初的园林采用了两种中国艺术风格的建筑设计：第一种是将中国式与哥特式、古典式和摩尔式元素混合在一起的幻想式产物；第二种是钱伯斯理解上的那种"真正的"中国建筑。由于留存至今的园林建筑数量稀少，人们很难确定哪种类型的设计在当时更流行。我们如今对于那个时代的了解在很大程度上是基于当时著名园林的雕刻版画，再加上设计书籍。即使这些不完整的材料不允许我们得出明确的结论，也可以让我们做出一个大致的总结。每一个学生都非常熟悉十八世纪中叶之前伟大国家建造的那几座著名的中国式亭台楼阁。法国和英国的文献资料，以及众多绘画插图，可以对很多法国大革命前的建筑进行描述和补充。但是，对于在 1800 年前后

---

① M. Woelfer, *Sammlung von Auserlesenen und Ausführbaren Architektonischen Garten-Verzierungen*, 1826, pp. 9, 22.
② 同上 , p. 33.

或更晚建成的资产阶级园林中的建筑，几乎没有任何关于它们的文件记录或绘画。这些建筑是从格罗曼和他的模仿者那里得到灵感和想法的。因此，关于中式建筑风格的结论将主要基于已经建成的异国风格和怪诞风格的建筑，以及模仿风格的建筑设计。在我们已经讨论了那么多模仿风格的设计图之后，仅凭设计图来评价模仿风格的建筑不会太过于冒险，因为模仿风格的设计很有特点，尽可能完全模仿一个既定的模型或者先例。

第五章
异国风格和怪诞风格的园林建筑

　　在理解那些已有的园林建筑时，我们需要明确地区分哪些建筑属于异国风格和怪诞风格，而哪些建筑属于模仿风格。前者的两种类别之间有巨大的相关性，而后者则需要从另一个视角来进行解读。异国风格和怪诞风格的园林建筑尽管从数量上来说比模仿风格的要少，但因为每一个建筑都有其独特的美学个性，需要逐个进行分析讨论。我们可以对比游记中的图片以及这些建筑的早期设计，但在绝大多数情况下并不能够发现模仿的痕迹。而对于模仿风格来说，设计和实际建造的建筑之间没什么差异，且带有个人特色的例子极为罕见，因此相较前者，每一个具体风格类型都有更多的范例。

　　欧洲最早的中式园林建筑是由路易十四的建筑师勒沃（Le Vau）或勒沃的合作者于 1670 至 1672 年间为其建造的，位于凡尔赛园（park of Versailles）的特里亚农瓷宫（Trianon de Porcelaine，图 38）。即使从严格意义上来说它因为没有使用任何亚洲的建筑形式而不能够被称为中式，但作为第一个尝试表现远东风格的建筑，即使这个尝试并不充分，也还是应当在谈及中国艺术风格时被第一个提及。当时对中国的了解还过于匮乏，并不足以启发建筑设计，同时欧洲人也还没有愿意放弃惯常的乡间别墅（maison de plaisance）形式。当时欧洲人眼中的中式建筑只需要在装饰上有一些所谓的中式风格。特里亚农瓷宫的内装大部分都是中式的（à la chinoise）；这在色彩的选择上尤为明显：白色、蓝色、灰色、金色，这都属于瓷器风格（à la façon de porcelaine）。

对于本章的研究内容来说，特里亚农瓷宫的另一个有趣的地方在于它的外观。中式内装在当时已经流行了一段时间，但将中国艺术风格延展到建筑的外观上还是一种崭新的尝试。这种尝试一般只能在园林建筑上进行，因为园林建筑的设计允许极度自由的想象力，而这种自由的想象力在伟大的建筑中是不可能的。法国的建筑师们缺乏充足的关于远东建筑建造方式的知识储备，这从任何情况来说都不利于实现最终目的，他们只能从细节上展现中式特色。然而他们所选择的装饰在真正的中国建筑中并不常见，反而是那些在当时的欧洲人眼中被广泛认为是中式风格的装饰，比如卷须、瓷器或者仿瓷器的彩陶瓦片。同样材质的花瓶被装饰在主建筑和两个侧殿的顶部，但在这些屋顶的结构上并没有任何异国风格的特质。选择瓷器来表现中式元素的方法并没有它们第一眼看起来那么牵强。在中国的所有建筑物中，南京的大报恩寺琉璃宝塔（Porcelain Pagoda）享誉西方世界，它被一次又一次地描写和阐释[1]。这座宝塔享有如此盛誉的主要原因在于它的瓷墙；陶瓷这种材料在西方一直被认为是中国的特质。但其实它的墙面并没有覆盖着陶瓷，而是由琉璃瓦组成。这是一种在中国寺庙和宫殿建筑

---

[1]　Le Comte, *Nouveaux Mémoires*, pp. 173-174.

Nieuhof, *Die Gesantschaft*, p. 137, 描写了其他有琉璃瓦（glazed tile）的建筑。

上，尤其是屋顶和装饰部分上，被广为使用的建材。因此，特里亚农瓷宫屋顶上的装饰的确误打误撞地存在它的中国源头，尽管这些形状原本借鉴和发展自欧洲的装饰风格①。

在特里亚农瓷宫建成时，关于非正式园林和中式园林的辩论尚未开始，这座瓷宫仍被一个典型的法式园林所环绕，园林中拥有众多喷泉和精心设计的花圃。彩色陶器和金色棚架一起烘托了欢乐华美的氛围，与这处乐土享受夏季节日的作用完美契合。太阳王（Roi Soleil）的崇拜者将这处小仙宫看作他的权力和生活艺术的体现。

与路易十四在凡尔赛建造的其他任何东西一样，特里亚农瓷宫在极短的时间内颇具盛名，迅速受到大家的欢迎，这使得他的崇拜者们争相模仿，纷纷想要至少拥有一个简易的模仿品。当时的一位作家作出了如下评论："凡尔赛的特里亚农瓷宫让所有的人都渴望拥有它，那些拥有乡间别墅的贵族们都在他们的花园模仿过这样的建筑。"②在绝大多数情况下，这些模仿大多仅限于内装的中国艺术风格，且没有任何类似于特里亚农瓷宫的园林建筑被保留下来。

彩陶经不起风吹雨打。1687 年，路易十四下令拆除特里亚农瓷宫，并于 1688 年让曼萨德（Mansard）建造了一座特里亚农宫殿，那是一座与中国毫无关联的新宫殿，仅有几个带有中国风装饰的房间。然而，即使旧的特里亚农瓷宫存在的时间短暂，且很快就被人忘却了，这座宫殿还是让建筑师和园林设计师们意识到了"中国"，并且开创了一种在几十年后风靡欧洲的潮流。

---

① 　Belevitch-Stankevitch, *Le Goût Chinois en France*, p. 101, 认为特里亚农瓷宫是一个对于南京大报恩寺琉璃塔的失败模仿。一座有着两个侧殿的矮宫看似不像是对一座塔的模仿。
② 　出现于杂志 *Mercure Galant*（1674, vol. 4, p. 111）。

英国一座建于十七世纪的园林建筑引起了我们的注意。在伯克郡（Berkshire）的贝克特园（park of Beckett），有一座简而小的方形建筑（图51），它只有一个房间，且三面环水。它有众多名称，包括"避暑别墅""宴会厅""渔舍""茶馆""中国屋"。尽管这个建筑没有明显的中式风格，最后两个名称彰显了它在英国的中式园林建筑中的存在。如果伊尼戈·琼斯（Inigo Jones）的确是这座园林建筑的设计师，那么其建造时间要比新式园林风格的出现早得多，也就是说它是一个规则式园林，如同特里亚农瓷宫周围的园林一样。因此，它不可能因其外观环境而得名"中国屋"。这个名字可能是因其厚石板屋顶的突出部分而来。人们习惯于在中国画中看到突出的屋顶，对这些屋顶的印象或许促成了贝克特小房子"中国屋"的名字。然而，这些并不能证明设计师真正想要建造一座中式建筑[1]。另一个可能的解释是，中国瓷器原本被保存在这个小屋里，但现在已经被移走了。因此，"中国"一词可能是指向它的室内装饰。它也符合"茶馆"的名称，体现了当时这种新饮品的母国与瓷器之间的密切联系。尽管如此，贝克特园的这座避暑别墅是远东开始影响西方园林建筑世界的早期例子之一。它预示了后来中国亭的许多特征，不仅包括其位置——在水面上且靠近人行道[2]，使居住者能够在一侧看鱼，另一侧通行——也包括其立方体的建筑形状，锥形屋顶，以及其室内装饰。

---

[1]　M. R. Gloag, *A Book of English Gardens*, 1906, p. 120："它清楚地显示了当时中国建筑和艺术在欧洲的影响。"这句话夸大了这座房子的异国情调；而且，中国建筑在十七世纪上半叶并没有在欧洲产生任何影响。

[2]　从伦敦到巴斯（Bath）。

在易北河（Elbe）的皮尔尼茨宫（Pillnitz），我们再次发现了这种富有异国元素的突出的屋顶。在 1720 年至 1729 年间，奥古斯都二世（Augustus the Strong）曾让隆库伦（Longuelune）建造过一座印度馆。其亚洲风格的外观主要是通过中式屋顶来实现的，与特里亚农瓷宫的建筑轮廓中完整的西方特点相比，这是一个巨大的进步。尽管仍带有复折屋顶窗的弧度，这种弯曲的拱顶是中国艺术风格早期的真正特征之一。除了一些中国艺术风格的内部装饰[①]和前面提到的位于门之间和屋檐之间的绘画作品，在其他方面，皮尔尼茨宫仍采用欧式的建筑结构和装饰图案（图 39 和图 86）。河畔宫殿的花园一侧有一幅浮雕式灰色绘画作品，画中描绘了中国建筑，这幅画表明欧洲人所理解的中式建筑与他们通过皮尔尼茨宫所表现出来的建筑并无差异。也就是说，欧洲人所理解的中式建筑就是有一排窗户，一个双拱顶，缀有小塔的超大型建筑。

花园中也有一些现今已不复存在的中国艺术风格元素，当时的平面图显示花园中有过一个中式柱子（Chinesische Kegel），复制了中式风格的门环（Ringel-Rennen），易北河上还有用龙首和丘比特裸像装饰的游船[②]。

到十八世纪初，凹形的曲线和突出的屋檐终于成了亚洲风格屋顶的特征。从那时起，这两个特征在每一座异国风格的建筑中至少有一个。波兰国王斯坦尼斯洛斯·莱斯茨钦斯基（Stanislaus Leszczynski）

---

① 奥古斯都二世规划了丰富而奇妙的室内装饰，装饰用的全是瓷器。参见 Reichwein, *China and Europe*, p. 27. 在这里，我们再次发现瓷器以一种见微知著的方式表现了建筑的中式风格。餐厅的粉刷装饰是带有中国风的优雅的洛可可装饰，颜色为浅黄底上的白色，这在当时是最美的。
② 复制在 18 世纪的几幅版画上。见附录。

的宫殿吕内维尔宫（Lunéville）采用了与皮尔尼茨宫类似的设计风格。他作为洛林公爵（Duc de Lorraine）[①]，非常喜欢大规模的建筑。建于1738年的亭子（Kiosque）又名土耳其屋（Bâtiment à la Turque），是庄园里较小的建筑之一。简陋的半圆柱支撑着下层的拱廊，在它的直屋顶下也有一排普通的窗户。建筑的中间部分比其他部分略高，其较低的突起的屋顶从一个中空的檐口上伸出，加冕亭在屋顶的曲线上有着与皮尔尼茨宫复折屋顶一样的缺口。它的名字标志着这座亭子是对土耳其风格的怀旧，但其少数的异国特征是中式的，符合十八世纪的精神[②]。

特里亚农瓷宫、皮尔尼茨宫和吕内维尔宫的亭子，或许再加上德累斯顿的日本宫，总体上都是建筑领域中少数的纯异国风格的作品，可以成为大型中式建筑的范例。它们成为通常规模较小的十八世纪亚洲园林建筑的先例。这些建筑展示了设计师从室内装饰开始，如何谨慎地在外装上使用各种异国元素，以及如何采用亚洲风格的曲线作为轮廓。通过把庄园里的建筑塑造成一些奇怪的形状，他们将庄园变成一个可以享受生活的地方。尽管在十八世纪的前六十余年间，建筑师致力于在他们称之为中式、日式或印度式的建筑中表现异国元素，他们绝不会让自己的想象力局限于完全复制。以1716年由选帝侯马克斯·伊曼纽尔（Max Emanuel）建在宁芬堡园（park of

---

① 自1737年。

② K. Lokotsch, *Etymologisches Wörterbuch der Europäischen Wörter Orientalischen Ursprungs*, 1927, p. 58: "Pers. gōšä: ... kjošk, kjöšk 'Palast, Villa, Pavillon.'" "Kiosque"是一个异国风格建筑的术语，多数有集中的结构。虽然来源于土耳其语，但在十八世纪后半叶，它主要用于中国建筑；在十九世纪，它又用于描述近东起源。

Nymphenburg）的宝塔屋（Pagodenburg）为例，其中国式的名字并不能够通过任何建筑风格上的特性来体现，而是以其印度风格的装饰来证明其正统性，这一点是受到了特里亚农瓷宫的启发。

1729年，一座位于巴登州（Baden）布鲁赫萨尔（Bruchsal）的印度式花园在文献中被提及。然而除了一个小小的红石中式顶，什么都没有遗存下来。这座失落的建筑，以及同样被摧毁的位于卡塞尔附近威廉姆斯塔尔（Wilhelmstal）的日式房屋，也许会被想象为有点像建于1750年的莱茵河畔布鲁尔（Brühl）的雉鸡饲养场的印度屋，这座印度屋也被称作"无忧馆"（Maison Sans Gêne）[1]。这座印度屋于1832年被拆毁，但关于它的信息通过当时的一幅版画，以及最近布鲁尔城堡从私人收藏获得的两幅油画流传至今。这幅版画归属于科隆选帝侯宫殿的一系列版画之一，先由宫廷画家 I. M. 梅茨（I. M. Metz）画好后，再于1760年由 N. 梅特尔（N. Mettel）雕刻而成[2]（图40）。两个四边形的凉亭由低矮的走廊连接到建筑的中心部分，建筑的中心部分有两层楼，分为三部分，有一段宽阔的楼梯通向花园。屋檐没有太突出，而是尾端弯成箭头状，有下凹曲线，屋顶上有龙和持伞的中国人的装饰元素。除了这些特征之外，这个建筑物并没有明显的异国特征，但每面墙都覆盖着生动的洛可可式装饰，使效果几乎与圆明园中欧洲宫殿的装饰效果相同（图6）。毫无疑问，中西方之间存在着相互影响，但有趣的是在东方和西方都发现了相似的混合样式的建筑。

---

[1]　科隆选帝侯克莱门特·奥古斯都（Elector Clement Augustus）在去威廉姆斯塔尔访问时见到了那里刚完工的日本屋，这可能启发了他在布鲁尔的印度屋。

[2]　J. J. Merlo, *Kölnische Künstler in Alter und Neuer Zeit*, 1895, pp. 598, 599.

在布鲁尔园池塘里的一个小岛上，矗立着一座地道的巴洛克风格的建筑，因它的形状像蜗牛的壳而得名蜗牛壳屋（Schneckenhaus）。哥塞因（Gothein）称之为"古老的蜗牛壳式（Schneckenberg）和中式塔楼之间的妥协"[①]。在《论中国建筑》（*Essai sur l'Architecture Chinoise*）中[②]，中式塔楼被描绘成在外部有一个螺旋向上的楼梯。实际上，这种类型的建筑设计不论是在中国还是在游记中都不常见。因此，要说蜗牛壳的独特结构来源于中国，似乎是不明智的。总的来说，这座小建筑属于园林建筑，因为它们的奇特形状而被认为属于中式园林。就这样，中式园林以一种几条曲径围绕着印度式房屋的方式，第一次出现在了布鲁尔。另一个类似的例子是萨克森（Saxony）莫里茨堡（Moritzburg）的法萨内里宫（Fasanerie palace）的小动物园，"一个有着中式屋顶和人像，规模非常小，造型又极为精致的圆形建筑，矗立在一块装饰着各式动物的人造岩石上"[③]。

除了亭子，吕内维尔宫还有另一座可以让人引以为傲的异国式建筑，那就是三叶草中国屋（Trèfle, Bâtiment Chinois, 图41）。严格来说，建筑名称中指的中式风格仅从内装上有所体现，建筑外部的装饰上并没有展现出远东风格的细节，反而由于建筑师们想象力过于丰富，而带有一些偏离一般建筑范式的特征。建筑师们企图用中国名字来掩盖这些越界行为。让我们首先了解一下这个建筑的平面图，由此可以得知它为何被起名为三叶草；这是一个带有突出侧室的集中型建筑。这

---

① Gothein, *A History of Garden Art*, vol. 2, p. 144.
② 同上 , p. 25.
③ Gothein, *A History of Garden Art*, vol. 2, pp. 184,186.

种形式在凡尔赛的歌剧院（Salon de Compagnie et de Jeu）[①]中得到了完美的体现，在那里，中央大厅周围的一圈宽楼梯被四个翼对称地分隔开。但在吕内维尔宫，没有什么是合理的；围绕着建筑中心的一圈楼梯被数量为奇数的三个小室分隔开；线条随意，既可凸出，也可凹陷；这种印象被周围画廊中重复的曲线进一步加深。所有的角落都是圆的、磨平的，所以立体图中没有一个地方呈现出尖锐和有角度的外形。试图将这种设计归结于中式风格是一种徒劳的尝试；这仅仅是建筑师想象力的产物，这项不同寻常的任务给了他一个恰好可以自由发挥构造曲线的机会。立面图并不那么生动和迷人。建筑物的拱顶带有锯齿形的边缘，呈现一种崭新但并不源自中国的曲线，这曲线给人一种异域感，体现出了这个建筑的异国特质。起伏的屋顶使建筑的轮廓显得笔直，只有建筑周围的屋檐上下波动。屋顶的表面亦有起伏，弧度向中心逐渐减小[②]。上部的锥形屋顶呈恰当的凹曲线[③]，同样的波浪状的下部屋顶和圆锥形的上部屋顶的组合之后也出现在了哈夫彭尼（图20和图21）和欧维尔（图24）的设计中[④]。英国式建筑与法国洛林的建筑之间的差异体现的正是十八世纪后半叶法国与英国建筑风格的一般差异；三叶草中国屋的建筑师赫雷（Héré）遵循古典主义的规则，遵循墙壁、窗户和装饰的比例和协调感，而哈夫彭尼和欧维尔把新发现的哥特式元素和他们对中式风格的奇特理解混合，令人眼花缭乱。

---

①　由加布里埃尔（Gabriel）于1749—1753年在路易十五下令建造的动物园里建造。
②　斯坦尼斯洛斯在洛林另一座喜爱的城堡科梅尔西园（park of Commercy）中有一座异国风格亭子，这座亭子有同样类型的屋顶，这种屋顶和它的名字都体现出了异国特色。
③　这一部分证明了中国建造拱顶的方法不为人所知。
④　例如，Halfpenny, *Rural Architecture*, pls. 11, 55; Over, *Ornamental Architecture*, pl. 37.

埃因维尔（Einville）城堡的画廊里有一幅画，画的是吕内维尔园里的一处瀑布[①]，瀑布作为水上装饰物之一位于亭子和三叶草中国屋旁。在画的左侧可以看到中国屋的一小部分，证明它位于一个正统的法国规则式园林旁。吕内维尔宫的园林建筑并没有遗留至今，但它们在来自南锡的斯坦尼斯洛斯（Stanislaus）的建筑师伊曼纽尔·赫雷（Emmanuel Héré）的版画书中得到了重现。三叶草中国屋是在亭子建后不久，即 1738 年至 1741 年间建造的[②]。

在波茨坦宫（Potsdam），吕内维尔宫尝试过的欧式建筑风格和异国风格达到了完美的结合。腓特烈大帝（Frederick the Great）亲自为在无忧宫园林（park of Sans Souci）的日本屋画了草图（图 42 和 43），其建筑师贝林（Büring）在 1754 年秋季根据他的草图开展了建造计划。"在第二年，也就是 1755 年，建筑本体就建成了，而室内装饰至少要到 1756 年才完工"[③]。与三叶草中国屋的平面图和立面图相比，二者有着惊人的相似性。这栋在波茨坦的建筑的内部格局相对来说并不复杂，因为它不需要像吕内维尔宫的建筑一样满足在炎热季节作为独立住宅的需求。这座日本屋只是一个宴会厅，侧室形成了三翼，从而使其构造类似于三叶草中国屋，尽管它的线条没有那么弯曲。这个设计类似于小特里亚农宫（Petit Trianon）的游戏厅（Salon de Jeu）之类的理想范例；但是在波茨坦，加布里埃尔（Gabriel）在

---

① E. Héré, *Recueil des Plans Elavations et Coupes…der Châteaux Jardins…*[1753?], part 2: "Vue de la Cascade du parc de Lunéville du coté du Canal."

② 1744 年，路易十五在吕内维尔探望岳父时，在异国风格亭子里吃了一顿饭。参见 G. Maugras, *La Cour de Lunéville au XVIIIe Siecle*, 1904, p. 140. 值得怀疑的是这是指中式的亭子还是土耳其风格的亭子。

③ 翻译自 Manger, *Baugeschichte von Potsdam*, pp. 237 ff.

凡尔赛的平面图中未受干扰的圆被呈凹形曲线状突出的楼梯打断，这种风格在这里比在吕内维尔宫更明显。其立面图也使人联想到三叶草中国屋，房屋的正面被大窗户以规律的间隔隔开，四根柱子支撑着波浪状起伏和突出的屋顶，最顶部有一个鼓形屋顶。这个鼓形屋顶有一个平的圆顶，它不包含单独的房间，但为中央大厅提供了天光。这两种异乎寻常的奇思妙想之间有着惊人的相似之处，1754 年腓特烈大帝和斯坦尼斯洛斯之间的通信给出了解释。在通信中，波兰国王宣布了对赫雷的书籍的展示，而普鲁士国王表达了对他们的到来的感谢①。伏尔泰（Voltaire）曾在 1749 年之前在吕内维尔宫的园中待过很长时间，他可能激发了腓特烈大帝对异国风格建筑的兴趣。但吕内维尔宫的影响仅限于日本屋的结构，即平面图和立面图，它的内装采用了其他的风格。德式洛可可风格一直比法式的更为活泼和奢华；哈夫彭尼和他的追随者的风格没有对法式风格产生直接影响，但是德国人因为这种风格的与众不同，轻易地采用了他们的奇怪的和奢华的方式来堆砌装饰物。哈夫彭尼是第一个在所谓的中国寺庙上或周围放置雕像的人，尽管是以一种古典主义的方式；而腓特烈二世（Frederick II）则更进一步，建造了中国艺术风格的雕像（图 94）②。这座位于威廉斯塔尔临近的卡塞尔的中式建筑，在正面装饰着棕榈树③。腓特烈的妹妹瑞

---

① 　P. Boyé, *Correspondance Inédite de Stanislas Leszczynski, Duc de Lorraine et de Bar, avec les Rois de Prusse Frédéric-Guillaume Ier et Frédéric II*（1736-1766）, 1906, pp. 73-74: "Je me donne.. la liberté de vous envoyer les plans des ouvrages, que j'ai fait construire…A Lunéville, le 15 de juin 1754." 另见该书第 75 页。

② 　例如，H. Vogel 指出，在窗户的装饰中与哈夫彭尼的设计有相似之处，"Der Chinesische Geschmack in der Deutschen Gartenarchitektur des 18. Jahrhunderts und Seine Englischen Vorbilder," *Zeitschrift für Kunstgeschichte*, 1932, vol.1, no. 5/6, p. 322.

③ 　腓特烈二世派他的一个园丁克鲁季什（Krutisch）到威廉姆塔尔学习园艺的新风格。参见 H. Huth, *Der Park von Sanssouci*, 1929, p. 14.

典女王，于 1754 建成了她的第一个中式房屋，即位于布鲁尔的无忧屋（Maison Sans Gêne），在其屋顶上已经有了中式人像。这些建筑的全部异国风格元素都由波茨坦宫的设计师设计。尽管日本屋在装饰细节上进行了一些模仿，但从总体上来说还是与这些模型不同。它具有流动的优雅，完美融合了异国风格与洛可可风格，使它成为一个独具原创性的艺术成就。

这些柱子自然地复制了棕榈树的形象，正在吸烟和喝茶的中式人像三人一组围聚在棕榈树状的柱子周围（图 94）；单个的拿着乐器的中国男人像和女人像站在橱柜窗户之间的基座上。拱形的门窗上交替装饰着龙和中国人头像的浮雕，周围环绕着纹章。类似的带有美国印第安人羽毛头饰的异国风格的面具和藤蔓交替出现在鼓形屋顶窗户的螺旋上升的涡形装饰上（图 43）。屋顶上覆盖着铜板。在圆顶上，一个撑着阳伞、手持蛇权杖的胖胖的中国老人在一个大垫子上作盘坐的姿态。装饰物悬挂在屋顶的边缘，上面有六条龙的龙头，这样的装饰同时也悬挂在圆顶上，但很难确认它们是铃铛还是流苏。"所有棕榈树柱、人像和其他外部装饰物都是镀金的，很多铜屋顶和小圆顶上也有镀金，用带蛇纹和波状线条的油画装饰着。"[①]E. 巴斯（E. Barth）于 1830 年左右绘制了一幅小型水彩画，画作水平只能算是二流，从画中可以看到所有的柱子、雕像和装饰物仍然是鲜艳的黄色；墙壁是绿色的，屋顶是灰色的，和现在的别无二致；原来的镀金已经完全消失了，留下了砂岩般的黄色。尽管有几位艺术家负责不同的装饰和雕刻任务，但总体来说这个建筑是风格统一的，没有任何异国元素喧宾

---

① 翻译自 Manger, *Baugeschichte von Potsdam* , p. 238.

夺主。"这一切都是如此精巧、怪诞和奇特，以至于国王后来把这座建筑称为他的猴馆。"①这是怪诞风格最典型的表现。猴子和中式人像在室内装饰中起着重要的作用；在这里也可以看到广受欢迎的中国瓷器和洛可可装饰的结合，以及"青瓷色"（Céladon Couleur）的使用。日本屋的建造在七年战争期间中断，直到 1763 年才重新开始；后来内装完成，并在一定距离内建造了一个同样也是以中式风格装饰的小厨房。这个小厨房仍然存在，但已经非常破旧，原本所有的装饰物也已经不复存在。通往日本屋的路上原有的中式桥已经被一座现代样式的桥所取代，它原来的特征已经无从考据。

龙宫（图 46）是一座四层高的带有拱顶的中式宝塔，由贡塔德（Gontard）于 1769—1770 年建造。龙宫位于观景楼附近的园林里，作为园丁的住宅，在建筑风格上属于模仿风格；只有外部装饰画上的被用于日本屋和中式厨房的十字蛇形线条，以及门上的中国人头像，才体现出了异国风格和怪诞风格。

为了符合日本屋的异国特点，建筑师作出了尝试，但是法式的布局理念仍然占据了主导地位；修剪过的树篱和装在镀金花瓶中的植物包围着建筑，有三条小路从这个圆中引出，它们的尽头是梅森瓷（Meissen porcelain）花瓶。在这里，我们再次发现欧洲瓷器被作为远东特征的代表②。

---

① 翻译自 Manger, *Baugeschichte von Potsdam*, p. 238.

② 最初的安排可以在施莱伦（Schleuen）的版画上看到：Schleuen, *Recueil de Tous les Bâtiments et du Nouveau Palais Royal de Sans-Souci*, 1774, no.33. I. D. E. Rumpf, *Berlin und Potsdam. Eine Beschreibung aller Merkwürdigkeiten dieser Städle mit ihrer Umgebung*, 1823, 提到了花瓶和中国桥，但他描述的围绕日本屋的"符合中式风格的非正式的英式花园"是在腓特烈大帝的伟大继承人腓特烈·威廉二世的领导下所做的一个改动。

通过对波茨坦的日本屋中采用的所谓中式风格的细节（图43）进行仔细研究，我们不难发现，同其他所有异国风格的建筑一样，它们没有一个真正仿照了中国人会在建筑中用到的元素；然而，它们在建筑中通过每个人都能理解的形式，体现了当时的欧洲人对于那片遥远土地的所有想象。

人们无法超越波茨坦的日本屋所体现的那种异国风格和怪诞风格的完美结合，而只能够复制它。卓宁霍姆宫（Drottningholm, 图44）和赖因斯贝格（Rheinsberg, 图47）的中国屋是北欧早期中国艺术风格的另外两个重要的代表，它们与腓特烈大帝的这座日本屋有许多相似之处。这一点很容易理解，因为在卓宁霍姆宫和赖因斯贝格有腓特烈大帝60多岁的兄弟姐妹，他们在通过园林向中式风格致敬，他们肯定从波茨坦宫中得到了很多启发。对卓宁霍姆宫来说，这只适用于现存的宫殿；那里的第一座中式建筑的建成时间比波茨坦的要早。腓特烈大帝的妹妹路易丝·乌尔丽克（Luise Ulrike）在1744年与瑞典国王阿道夫·腓特烈（Adolf Frederick）结婚后，得到了马拉莱克岛（Malarlake）上的一座用于休闲的城堡，她很快就对这座建筑进行了几次改造。1753年，在王后生日那天，第一座中式房屋竣工了。这是一座简单的木结构建筑，有两个侧翼，漆成了类似编织物的样子，带有红绿相间的嵌线，屋顶上挂着橡子和铃铛。建筑的角落有棕榈树状柱，这可能影响了波茨坦的建筑的设计，从此成为异国风格中不可或缺的一部分。瑞典国王和王后对这种设计的兴趣越来越大，他们不再满足这座原始的建筑，于1763年开始为新的中式建筑（Kina）作准备；在建筑师卡尔·弗雷德里克·阿德尔克兰茨（Carl Fredrik Adelcrantz）的监督下，各式各样的建筑物被接连建起。主建筑是一座中国园林小屋（图 45），这是一个低矮的小宫殿，相邻的两翼像特里亚农瓷宫一样通过弯曲的走廊连接到中心，这结构也类似于皮尔尼茨宫和布鲁尔宫。它的中式风格几乎和波茨坦一致，但没有了怪诞风格的成分；除了几条龙和一些中式的人头像外，装饰中省略了其他的雕塑。屋顶同吕内维尔宫的屋顶一样波状起伏，但有一个明显的凹形变化；呈现出不自然形状且带着小铃铛的藤蔓仅装点在屋顶的角落。在门、窗的平拱上，放着前文提到过的那种头上戴着圆锥形帽子的中式人头像，以及戴着装饰性纹章的龙，这些都与波茨坦的建筑类似。龙支撑着主体部分的阳台和上面的屋顶。棕榈树状柱仅作为次要的部分，附在拐角墙上，承载着突出的屋顶；它们的茎不是很粗，缠绕在其周围的花彩使它们显得更为细长。栏杆和窗格，以及插着旗杆的屋顶末端，都不带有中式风格。在柏林[①]保存有当时的绘画作品，画中的色彩有点像描绘波茨坦日本屋的十八世纪画作[②]，即屋顶为淡绿色，也就是所谓的青瓷色，还带有一点粉红色、灰色和乳白色；这些都是源于瓷器和丝绸的淡雅色调，而不是后来几十年中流行的红色、黄色和绿色的耀眼组合。室内装饰是洛可可式的，有中国艺术风格的漆器和浅色背景的绘画作品。将阿德尔克兰茨的设计图与它现今的外观进行比较，可以发现建筑在建造过程中没有发生大的实质性改动。总的来说，这座中国园林小屋是一个非常保守的建筑，平面和立面结构上都直接沿袭了特里亚农瓷宫的设计，它也是最后一个将乡间别墅的巴洛克风格与异国风格相结合的大规模贵族住宅。

---

① Staatliche Kunstbibliothek.

② *Kupferstichkabinett Berlin*, Mappe Potsdam（Topographie），no. 36.

与日本屋一样，中国园林小屋也被种有灌木丛的规则式园林包围着，瓷器花瓶和雕像中间有一个鸟舍，还有一个按照城堡的风格建造、装饰，略带中式风格的亭子。

腓特烈大帝的弟弟，普鲁士的亨利王子，也和他的哥哥姐姐一样喜欢中式园林建筑，他逐步在赖因斯贝格（Rheinsberg）①的庄园里建造了一个完整的建筑群。那里的第一座亚洲风格建筑是于 1765 年建造的中国屋（图 47），它是一个异国风格和怪诞风格的典型例子，也是波茨坦的日本屋的一个较小和简单的复制品。它只有一个八角形大厅而没有侧厅，整栋建筑的比例因此被改变，它的高度超过了宽度。四扇法式落地窗与四个壁龛交替出现，每个壁龛上都绘有一个中国人像，还有一只天堂鸟在他头顶上的环中摆动。屋顶在八个拐角处由棕榈树状的柱子支撑。柱子嵌在墙上，看着像只剩下四分之三的柱子一样；屋顶没有幅度太大的突起，但它是拱形的。与波茨坦的建筑相比，这个凹形的起伏向着更为接近中式建筑的方向近了一步；它在卓宁霍姆宫的建筑中已经出现过，从那时起，因为对远东有了更为精确的了解，这种曲线成为几乎每一座中式建筑都要遵循的强制性标准。然而，屋顶的起伏完全被忽略了。鼓形屋顶的窗户是椭圆形的，而它上面的圆顶屋顶呈 S 形曲线。这种曲线在中国的屋顶上是不存在的，但的确与下屋顶的轮廓、壁龛拱廊、窗户和门的风格相匹配。S 形曲线是从巴洛克风格中获得的灵感，相较于波茨坦宽广的直屋顶上的小平圆顶，这种曲线使得整个建筑更为和谐。在赖因斯贝格，一个镀金的手持阳

---

① Gothein, *A History of Garden Art*, vol. 2, p. 277, 他错误地将中国建筑归因于腓特烈二世在赖因斯贝格作为王储生活的时期。亨利王子于 1744 年被赠予赖因斯贝格；1763 年起，他就住在这里。

伞的中式人像坐在屋顶上，口中衔着铃铛的巨龙们从屋角向下望去。

那些不能被称为异国风格的细节，例如鼓形屋顶的窗户上下的悬垂帷幔①、窗户本身以及门和壁龛，还有带有巨大的螺旋涡形装饰的彩绘雕像的基座——所有这些巴洛克风格的细节与整个建筑的风格完美融合。在选择颜色时，艺术家们根据中国瓷器和丝绸所传达的精妙而平衡的丰富色彩的印象而进行了纯粹想象。墙是白色的，门旁边有蓝色的嵌线，植物装饰品是绿色的，屋顶是黄色的，缀有绿色和红色的交叉条纹；上面的中式雕像和龙都是镀金的。时至今日我们无法对当时的配色方案做出明确的判断，因为这座建筑已经不复存在，而版画的颜色也不总是可靠。但这些当时的版画和描述是我们关于赖因斯贝格的中国屋的唯一信息来源。

在接下来的几年里，中国屋的附近增加了几栋大小和用途不同而风格相同的建筑；但除了如同中国屋一样矗立在法式园林之中且形态不明的中式帐篷外，其他的建筑都属于模仿风格，尽管它们继承了早期风格中最流行的细节，例如龙和铃铛。其中有一些建在亨利王子以英国风格布置的新场地之中。

腓特烈大帝把拜罗伊特城堡（Bayreuth）中著名的漆器柜送给了他的另一个姐姐，威廉明妮夫人（Margravine Wilhelmine von Bayreuth），她在赫米蒂奇（Hermitage）园林的一个石窟上建了一座中式小亭子。

即使在新的园艺和中国艺术风格开始在英国流行，且钱伯斯变得

---

① 这些帷幔并不用于中式建筑，尽管它们经常出现在钱伯斯的设计中，也受到钱伯斯的影响出现在巴黎附近蒙维尔荒漠园的大门上。

众所周知之后，巴洛克花园里仍然建有带有异国情调的建筑，它们除了名字之外没有任何中式特色。英国设计师，即哈夫彭尼和欧维尔对建筑的影响体现在园林建筑规模的变化上；他们在出版物中提及的[①]小型开放式亭子受到了青睐。一座中式亭子于 1756 年后建于布鲁赫萨尔的观景楼上，它至今仍然存在，展示了欧洲人在模仿只使用木材和砖建造的中国建筑时选材的任意性；例如，支撑尖顶的柱子的材料是铁木。1773 年，根据园丁迈耶（Mayer）制定的项目，类似的开放式建筑在弗里德里希·冯·塞恩斯海姆主教（Prince Bishop Friedrich von Seinsheim）的领导下建于法伊茨赫夏伊姆园（park of Veitshöchheim，图 49）。他也计划在伍尔茨堡（Würzburg）的宫殿（图 50）内建造同样的花园，尽管最后没有实施[②]。在这两处设计中都有两个类似的亭子，它们由开放的门廊组成，屋顶由立在对称排列的场地上的棕榈树状柱支撑。法伊茨赫夏伊姆园的亭子不那么精致。它们是由班贝格（Bamberg）的宫廷雕刻家费迪南德·迪茨（Ferdinand Dietz）于 1768 年建造的，至今尚存。四根巨大而自然的棕榈树形的柱子支撑着一个小而平的圆顶，亭子的四角各缀有一个大的铜菠萝。1769 年，宫廷画家克里斯托夫·费塞尔（Christoph Fesel）在天花板上画了鹦鹉，并且小屋的装饰物是镀金的。伍尔茨堡的建筑设计与此相似，但细节更为丰富；这里的亭子是八角形的，从其中四面几步就能到达亭内，而其余四面由低栏杆封闭。这些本应体现异国风格的细节与波茨坦和相关建筑中使用的细节相似。亭子的八根柱子的形状也像棕榈树，长叶组

① Halfpenny, *Rural Architecture*, pl.11. Over, *Ornamental Architecture*, pls. 21, 23.
② Le Rouge, *Jardins Anglo-Chinois*, cah.11, no, 4, 出版了迈耶设计的版画，其中的中国亭虽然很小，但清晰可见。

成的宽冠支撑着与平面图相对应的八角形的双屋顶，屋顶下部呈 S 形弯曲，而屋顶上方则是一个凸曲线的锥形顶。一个中式人物雕像蹲在屋顶上面，他戴着一个常常作为他种族特征出现的圆锥形帽子，叼着一根长烟斗。屋顶上的圆形花环是巴洛克式的，比波茨坦的对角线条纹更为对称，栏杆上没有中式格子。

　　在莱茵河畔新威德（Neuwied）附近的蒙特勒波斯（Montrepos）有一座几乎没有体现出任何异国元素的中国屋。这座庄园建于 1757 年至 1762 年之间，但因法国大革命而被夷为废墟。这个中国屋是一座简单的半开放式的长方形建筑，双屋顶呈 S 形弯曲，由两个栏杆状的柱子支撑，顶上是一只神奇的动物。这座建筑的存在体现出一个现象，即一个形状不同寻常的屋顶，再加上一条龙就为这座建筑被称为中国屋提供了足够的理由，从而满足了人们对于异国情调的需求。

　　作为独立使用各种异国风格的园林建筑的最后代表，尚蒂伊（Chantilly）的异国风格亭子（图 60）值得一提；从许多重要的特征来看，这座建筑仍然属于异国和怪诞风格，尽管它的建造日期处于模仿风格的时代。1770 至 1771 年间，让·弗朗索瓦·勒罗伊（Jean François Leroy）在西尔维园（Parc de Sylvie）为路易斯·约瑟夫·德·康德（Louis Joseph de Condé）建造了这座建筑。这座建筑在法国大革命中被摧毁。这是一个同吕内维尔和波茨坦的建筑一样的集中型房屋，四边各有一个侧室，由独立的屋顶覆盖；它本来是一个用于在夏天举行娱乐活动的小型宴会厅[①]。建筑外部只有少量的中式造型细节，屋

---

① G. Macon, "Le Château et le Parc,"*La Recue de l'Art Ancien et Moderne*, vol. 3, no. 4, Apr. 1898, p. 316: "…visite de Mesdames en 1777." Le jour de leur arrivée, Dîner au Hameau, collation au Kiosque, Avec musique…"

顶上有一把带蛇形装饰的阳伞，侧室圆锥形屋顶上装点着中国音乐家的人像，还有一个小小的木钟。笔直的屋顶和半圆形的窗户无法传达异国风格，但这一点通过光滑墙壁上覆盖的丰富的汉字装饰得到了体现；这些文字可能并不表意，只是一些用来渲染异国风格的字符。建筑的色彩运用非常生动：墙壁是黄色和蓝色的，缀有红色的垂直条纹，同样的色彩图案也被用于屋顶。画着中国人物的室内装饰充满了异国风情。

尚蒂伊的异国风格亭子是最后一批应用宫廷生活的精神和品味所创造的中国艺术风格的建筑之一；虽然它没有达到之前类似建筑的艺术高度，但也避免了被后来的设计所呆板地模仿。

如本章开头所述，每一座异国和怪诞风格的中式园林建筑都是独一无二的。我们已经讨论了它们之间的一些联系，即那些明显在设计上依赖于之前的建筑（如波茨坦和赖因斯贝格）的部分。另一方面，这些建筑之间存在差异的一个原因在于中国艺术风格的前两个时期并不像最后一个时期那样具有国际性，尽管它们可以轻易对周围产生影响。法国人与英国人的品味相冲；而德国人则接受了两者。法式中国风的第一次尝试是完全巴洛克风格的；在今天看来，中式风格在特里亚农瓷宫只有微小的体现，而对于路易十四时代的人来说，这是一种富有魅力且明显的异国风格，虽然事实上这只是他们基于伟大建筑的风格而塑造的想象力的产物。

当吕内维尔的建筑被建造起来的时候，建筑师们已经对中式屋顶有了很深入的了解，但他们只是随意地运用这些相关知识，还用得很少。即使在异国风格的建筑中，他们所要求的也只是美，而他们对美的看法是传统的。

　　英国人在他们的建筑试验中更为大胆，因为传统的美并不与异国风格挂钩。他们率先创造了小型园林建筑，这些建筑结构简单，细节富有异国风格。哈夫彭尼父子在这方面具有开创性，由于他们缺乏奇彭代尔的装饰天赋，他们不得不通过丰富的创造物来弥补品味的缺乏。英国人对中式建筑的了解并没有超过法国人，但他们更灵活和全面（不论信息的真假）地应用了中式建筑的风格。他们不是为了美而建造，而是为了娱乐；他们对于怪诞和新式风格的盲目热衷使得他们相信自己的设计从某种新的意义上来说是美丽的。奇特的品味贯穿了所有早期的英国建筑设计。这些奇特的品味来自中式和哥特式风格，并与洛可可式风格相融合。英国人对龙、面具、阳伞和铃铛的使用比法国人更大胆，而法国人对这些奢华装饰的接受速度较慢。德国人不是这样的，他们欢迎任何想法，并将这些想法结合在一起。他们以传统的法式风格在宁芬堡和蒙特勒波斯建造了中式建筑，而在布鲁赫萨尔和法伊茨赫夏伊姆则尝试建造了高级的英式风格建筑。他们采用了乡间别墅的法式风格，并在皮尼茨宫（图86）为其屋顶设计了一条史无前例的曲线，大胆而显眼，添加了同哈夫彭尼派别无二致的非传统装饰。德国人自由地使用异国风格的细节，使用了例如完整的中国人像或大棕榈树状柱等装饰。从中可以看出，他们比英国人更英国人。但是，只有当德国人学习法国人之后，他们的建筑才取得了成功。法国人让德国人认识到，即使应用了各种奇特的元素，建筑风格上的面貌也应当是统一的，且在所有使用的风格中必须有一个占据主导地位的风格，这个主导风格最好是洛可可式的。

　　即使是在最早的英国设计中也带有模仿风格的萌芽。这些设计都超越了它们的时代，也正因为这个原因，它们无法在英国的土壤上激发这种早期的重要园林建筑的出现。欧洲大陆使用了它们的装饰，但英国人在建筑结构上的新颖性却被忽视，而且这种新颖性在钱伯斯关于真正的中国建筑的报告公布后就完全消逝了。德国人令人愉快的设计鼓励了现实中建筑的建造。这种混合形式的浪潮流回了法国，在经过了不那么严格的摄政统治之后，以新的法式活力备受欢迎。混合式风格又一次成为法国的特色，它不仅影响了尚蒂伊的异国风格亭子，还影响了路易十六时期的其他许多有趣创作，这些设计将在下一章中被讨论。

第六章
异国风格和怪诞风格的建筑细节

　　在艺术品和工艺品方面，那些受人追捧的中式商品已经有了非常相似的复制品，设计师们尽可能如实地对它们进行了模仿。然而，与商品不同，欧洲的建筑仍然保持了它们原有的样貌，拒绝采用源自中国的样式。中国艺术风格与洛可可风格有着共同的命运，洛可可虽然不是一种建筑风格，但却被应用在剧场布景和园林建筑中；中式风格最初是作为一种装饰性风格而为人所知，且它在建筑上的应用也仅限于此。诚然，中国的亭子只是节日的装饰品，是精彩演出的背景；它们的存在具有特殊意义，因此并不适合被依样画葫芦地照搬到别处。

　　必须得说，真正有用的建筑样式寥寥无几。例如，杜赫德那本关于中国的书，与其说介绍的是钱伯斯的作品，不如说是哈夫彭尼的作品。杜赫德的作品中[1]描绘了华丽的大门，哈夫彭尼也设计过"中式凯旋门"（A Chinese Triumphant Arch）[2]，将这两者与中国常见的牌楼形式的大门（耶稣会的水彩画中描绘了其中几扇这样的门）进行比

---

[1]　Du Halde, *Description Géographique*, vol. 2, p. 30.

[2]　Halfpenny, *Rural Architecture*, pl. 14.

较，就可以明显看出这两件西方设计作品与中国建筑相去甚远。杜赫德和哈夫彭尼的装饰风格不同，但本质上是相通的，他们的建筑都不带有中式特征；小铃铛可能是唯一的例外，但这也只会以相当非传统的方式使用。其他的所有装饰物——螺旋形、贝壳形以及涡卷形——都起源于欧洲，源自巴洛克凯旋门的装饰风格。巴黎附近的蒙维尔（Monville）荒漠园内有一扇大门（图 69）①，从中可以看出受钱伯斯影响的模仿风格在同一问题的处理上与其他风格有何不同；建筑师们一方面坚持中式建筑的基本原理，一方面会根据古典主义思想对其进行简化。在异国风格和怪诞风格中，对螺旋形和涡卷形装饰的偏好占主导地位，设计师们想要更自由地运用这些装饰，于是便以中式风格作为理由。杜赫德书中的中国屋②非常夸张地应用了这种偏好，已经超出了中式风格的范畴，事实上，哈夫彭尼、爱德华兹和达利的设计中所有的蛇形线条、弯曲转角和珍奇动物，都不直接取自于远东的建筑风格。

　　早期的中国艺术风格完全忽视中国建筑本身，其中除了误导性的信息来源以外，还有别的原因。欧洲人钦佩中国工匠的技艺、他们对装饰性动物花卉图案的品味，以及他们热爱观察的特质。但除了这些特殊的方面外，西方人蔑视东方的绘画表现形式和建筑。在十七世纪和十八世纪初有关中国的书籍中，关于中式房屋的引用少之又少，而且还都带有最消极的评论③。勒·孔特（Le Comte）发表了以下看法："中国人一直在各种艺术中采用不完善的样式，这使他们的建筑存在

---

① Le Rouge, *Jardins Anglo-Chinois*, cah. 13, no. 10.
② Du Halde, *Description Géographique*, vol. 2, p. 142.
③ Kircher, *China Monumentis*, p. 216.

诸多缺陷。住宅与住宅之间互不协调，装饰不符合常规，完全不具有像我们的宫殿那样舒适宜人的比例。总之，在这里的每一个地方，我都只感到混乱无序，要我说，这种形式是不适合欧洲人的，它甚至无法获得任何一个热爱真正建筑艺术的人的认同。"[①]杜赫德也持有类似的观点："中国人喜欢整洁的房子，因此不应该期望在那里发现真正的华丽……有钱的人会给他们的房子加上釉面的、雕刻的和镀金的装饰物，使他们的房子舒适宜人。"[②]这些评论阐明了当时的观点，也解释了中国艺术风格的设计为何将兴趣集中在华丽多彩的装饰上，而不重视异域建筑本身。中国的建筑，尤其是住宅，有着令人厌烦的名声，因此欧洲人不想一板一眼地模仿它们；他们更喜欢保持自己当代建筑传统中的主体结构，遵循那些被公认为是完美的比例法则。当谈到以生动的形式和色彩进行装饰时，人们已经接受了亚洲的风潮；但就算是在装饰领域，西方世界所要求的也不仅仅是模仿。对于广受欢迎的亚洲样式，装饰艺术家们可以完全照搬，但建筑师们并不急于模仿他们不欣赏的东西。他们试图创造一个舞台背景，在这个背景下，每个角色都将被转移到一个遥远而陌生的仙境——远东。这就是所有棕榈树、猴子、龙和中国人像出现的原因，它们在传说中全部有着鲜明准确的来源，当汇集到一起的时候，这就使得西方人头脑中由想象和误解所构成的亚洲景象变为了现实。

　　室内装饰一直是中国艺术风格的一个特殊领域。沉重呆板、在平面上使用三维物体的巴洛克式装饰不再受到欢迎了，人们想要用灰泥

---

① 翻译自 Le Comte, *Nouveaux Mémoires*, pp. 130-131.
② 翻译自 Du Halde, *Description Géographique*, vol. 2, p. 98.

或木头的写实雕塑和虚构的建筑绘画取而代之。洛可可式装饰是轻巧明亮的，它无始无终，不用透视或对称，与其相似的中国装饰也从未超出二维平面的边界。在波茨坦的日本屋内部，我们发现这两种趋势融为一体：建筑上有着绘画作品，人像在扶栏上方俯视大厅，简约的墙上有形似贝壳的支架，用来摆放中国瓷器。在卓宁霍姆宫，绘画作品中的建筑未被采用，墙壁重新恢复了平面的特征，并被二维的中式图案所细分。

与中国艺术风格的建筑一样，剧院的装饰也希望传达一种异国情调，而且是以一种所有人都能理解的方式[①]，但是剧院背景画家的想象力所受的限制要比建筑师少得多。他可以满足欧洲对大规模和纪念性建筑的渴望，创造出具有复杂景观和混杂（pêle mêle）各种奇异建筑形式的超大型室内装饰，这种如此宏大的规模超过了巴洛克或中国建筑所能实现的极限。爱德华兹和达利的设计，包括层层叠叠的格栅、花、窗帘、远景和小型人像，都是对这些为"中国"戏剧和芭蕾舞设计的欧洲装饰的怀旧。

到十八世纪末，人们对亚洲有了更深入的了解，不再天真地认为他们可以通过堆砌植物学或民族志学中的异域细节来建造一座中式房子。1789 年，曼格（Manger）在对波茨坦日本屋的描述中表达了不赞同的想法："可惜的是，当时英国人钱伯斯的书在这里并不为人所知，否则布宁（Buring）就可以更好地了解中国人的真实建筑。我们已经知道的是，他们确实会在寺庙里建造宝塔和神像，但从不将其放在屋顶上。他们极少描绘自己的客人在房子前喝茶或抽烟。最值得怀疑的

---

① Niessen, *Das Bühnenbild*, pl. 52, nos. 4, 6. Designs by Cortile.

是，他们是否曾等间距地种植过棕榈树，以便在它们生长到足够高的时候将屋顶建在树干上，并在下面建造他们的住所。然而，在这种情况下，建筑师必须得到原谅，因为他没有足够的自由来进行设计，而必须遵循国王的描述。毕竟，如果没有棕榈树来表明气候，没有中国人和他们在树下的娱乐活动来展示中国元素，那么这座房子不可能被认为是具有鲜明亚洲特色的设计。因为在欧洲既不能种植棕榈树，也没有中国人在树下生活[①]。"由此可见，这种装饰的目的不仅是为了美化，也是为了解释。杜赫德书中描述的所有波茨坦的优雅人物雕塑大多穿着奇怪的服装，丹凤眼让他们的容貌带有异国特征——这些人像除了具有装饰的作用，还有一个任务就是通过他们的外表和行为，给游客一种来到远东的假象。中国是一个仙境，它在欧洲人的想象中而不是具体的概念中占有一席之地，因此所有的异国情调都可以被用来填充这个想象。接下来要讨论异国风格和怪诞风格的装饰元素，为了弄清楚为什么这些元素被混在一起来代表中国建筑，我们有必要回忆一下第一章中所说的话；在欧洲人看来，东印度的、美洲印第安的、日本的和中国的元素之间没有区别。例如，在上一章讨论过的许多建筑中，棕榈树都被用作柱子，还有猴子和彩色鸟类——所有这些代表远东动植物的元素都是源自热带，而不是中国中部和北部。造成这一错误的部分原因可能在于尼霍夫的游记，里面经常出现有着棕榈树的中国风景和城镇图片。于是，棕榈树——尽管它们只生长在南方地区——很快成为早期中式建筑不可或缺的一部分。在波茨坦，棕榈树与猴子一起出现在室内的壁画上，并且不管是作为支柱还是种在室外，

---

① 翻译自 Manger, *Baugeschichte von Potsdam*, p. 237.

它们都起到至关重要的作用，在法伊茨赫夏伊姆（图 49）和伍尔茨堡也是如此。卓宁霍姆宫（图 44）和赖因斯贝格（图 47）的棕榈树再次发挥了同样的功能。但是，通过与墙壁融合，它们已经失去了许多植物的特性，变得更像一种建筑形式。园丁理查德（Richard）重现了拉鲁日的一份设计[①]，可能是为小特里亚农宫设计的，其中清楚地表明了在园林建筑周围种上与其特征相适应的植被的原始想法；由于珍稀的外来植物难以种植，便有了石头或铁制的模仿品。在理查德的设计中，棕榈树支撑着一个简单"中式"亭子的屋顶，并且园林的别处也种植着相同的树木。当然，它们一旦作为建筑的一部分，就会改变自己的特征，从植物变成华丽的柱子。在威斯特伐利亚的施泰因福特园（Steinfort, 图 84）的渡船上，棕榈树支撑着渡船的中式屋顶，若将它们当成植物来看待，那就显得毫无意义了。格罗曼在一艘船上重现了作为建筑而使用的棕榈树，不过尺寸较小[②]。

　　将棕榈树作为柱子纯粹是欧洲人的发明[③]，在中国没有这种现象。因此，模仿风格的设计几乎从未使用过棕榈树作为柱子。不过，也有几个例外：十八世纪末位于丹泽附近的奥利瓦（Oliva）的中国屋前面有两棵大棕榈树；位于德国迪斯考（Dieskau）园林的中式房屋有四棵树支撑着双重斜坡的屋顶，其中一棵留存至今；斯特拉斯堡（Strasbourg）的特勒特尔（Treuttel）园林的中国屋（图 83），克拉夫特在 1810 年对其进行重建，第二层的画廊由自然主义的棕榈树支撑。位于柏林蒙

① Le Rouge, *Jardins Anglo-Chinois*, cah. 6, no. 22："中国亭。理查德设计。"
② Grohmann, *Ideenmagazin*, vol. 1, no. 4, pl. 2.
③ 在中国艺术风格的建筑之外，它们会出现在讲坛上，例如莱姆大教堂的讲坛，那里两棵棕榈树支撑着屋顶（十八世纪）。

比茹宫（Monbijou）的日本屋除了支撑其曲面屋顶的棕榈树外，便再没有其他异国的特征。模仿风格转向了竹子，竹子在中国更为典型，其自然的形态经常被使用，尤其是在家具中①。但这种植物缺乏棕榈树所具有的明显的异国情调和装饰性，因此从未在欧洲流行过。在巴黎附近的蒙维尔荒漠园（图68），竹子作为建筑的支撑被用在中国屋上。1800年左右的版画表明，棕榈树即使被排除出建筑的范畴，但仍然属于中国的代表物；例如，克拉夫特关于巴黎附近贝尔维尔宫（Belleville）的中式台球馆版画，版画的左右两边是两棵棕榈树；在杜古里（Dugoure）的一个中式园林的设计（图29）②中，棕榈树与其他异域树木和本地树木混在一起。此前，同样的想法也促使哈夫彭尼在棕榈树林之间建造了一座"印度庙"和一座"组合的中国寺庙"③，而且它还影响了梅茨在布鲁尔的印度屋版画中对异国植物的选择（图40）。

　　猴子和彩色鸟类比棕榈树出现的频率更低。前者在波茨坦的日本屋的内部装饰中起到了一定的作用，正如人们从它的名字"猴厅"（der Affensaal）可以猜到的那样。在赖因斯贝格，中式帐篷里有一只猴子，中式房屋里有天堂鸟；在法伊茨赫夏伊姆，中国屋的天花板上画着鹦鹉，而在尚蒂伊也有"中国小鸟"（des oiseaux chinois）。鸟类作为屋顶装饰只出现在哈夫彭尼的设计中（图20）④。就像棕榈树一样，模仿风格也摈弃了对猴子、鹦鹉和天堂鸟的使用，因为它们只出现在中

---

① Chambers, *Designs*, pl. 13. 奥拉宁鲍姆城堡中的仿制品。
② J. D. Dugoure, Iᵉʳ Projet, "湖心亭"，巴黎装饰艺术博物馆，藏书326。（Jean Démosthène Dugoure, 1749-1825.）
③ Halfpenny, *The Country Gentleman's Pocket Companion*, pl. 13.
④ Halfpenny, *Rural Architecture*, pls. 11, 16.

国艺术风格的建筑，而非真正的中国建筑中。只有一个例外，那就是1781 年建造的巴黎中国风宴会厅（Redoute Chinoise）的旋转木马（Jeu de Bague），那里有一只长尾巴的怪诞猴子坐在阳伞上。作为当时最为著名的中式宴会厅，其吸引人的地方是复现了许多怪诞风格的元素。玛丽·安托瓦妮特（Marie Antoinette）在小特里亚农宫的旋转木马更为保守，女士们的座位是孔雀形的，而蒙贝利亚尔（Montbéliard）的园林也以同样的方式使用了孔雀和天鹅。

　　比使用珍奇动物更常见的做法，是将中国人物雕像放在以其名字命名的建筑物上。尽管这些以怪诞风格制作的全身人像，除了异国风格的建筑外，几乎没有在其他地方出现过。另一种有着飘逸服装、欧洲面孔以及丹凤眼的人像，则是混合了土耳其风格和洛可可风格，波茨坦的日本屋周围的人物雕像表现出了这一特征；布鲁赫萨尔的印度房屋有着这种类型的最早的装饰例子。另一方面，布鲁尔、波茨坦（图43）、赖因斯贝格（图 47）以及伍尔茨堡的设计中（图 50）出现的交叉双腿坐在屋顶上的中式摆头瓷偶（pagodes），属于典型的怪诞风格，因为交叉腿的姿势是从土耳其风格遗留下来的。尽管欧洲人习惯于看到用人物雕像来装饰屋顶，但一个拿着阳伞、戴着羽毛帽子的胖胖的老人蹲在一个大垫子上，对他们来说也是很荒谬的；在无忧宫园林的中式厨房屋顶上，看到五个铅制彩绘的中式摆头瓷偶在风中摇头晃脑，这一景象一定具有相当的冲击力。同样，女像柱也是欧洲建筑中的一种日常景观，但若给它加上半裸体的中国人物，正如在德累斯顿的日本宫（图 93）和哈夫彭尼设计的避暑别墅中所做的那样[1]，既不美，

①　Halfpenny, *Rural Architecture*, pl. 44.

也不符合中国样式的要求。哈夫彭尼加在那些半中式建筑上的塑像大多属于古典"品味"，没有中式特色。

有着纯粹主义倾向的模仿风格并不能完全把中国人物雕像从屋顶上去掉。因为人像已经成为一种象征，人们会继续用这种方式来处理建筑的屋顶——尽管他们知道这在中国不太常见。可以找到一些例子来说明这种现象，比如前文关于棕榈树的论述中提到过的斯特拉斯堡的特勒特尔花园房屋（图 83）；蒙贝利亚尔园林中亭子的屋顶（图76）和旋转木马顶上的人像；以及上西里西亚（Upper Silesia）卡尔斯鲁厄(Karlsruhe)的一个鸟舍(图81)和维也纳附近拉克森堡(Laxenburg)的中式亭子的屋顶人像（图 82）。这些人物雕像几乎没有什么变化，他们通常都是双腿交叉蹲坐，只有斯特拉斯堡的那一个是欧洲风格的坐姿。他们穿着土耳其风格的阔腿裤，戴着尖顶帽子，只有蒙贝利亚尔的两个雕像略有不同，头上分别是一束扭曲的头发和一顶类似头巾的帽子。这些雕像都拿着阳伞或带铃铛的物件。其中，坐着的中式人物雕像代表着肥胖、快乐的幸运之神，他在众多小雕像中最为人所熟知，被爱德华兹和达利（图 22）多次使用[1]，在格罗曼重新修建的以及被范·拉尔复制的中式小房屋的屋顶上都有一个这样的雕像[2]。

在巴黎附近的蒙索（Monceau），中式旋转木马（图 59）的座位是由中式人像所支撑的；玛丽·安托瓦妮特模仿蒙索建造的小特里亚农宫的座位也与之相似。在巴黎的中国风宴会厅（图 61），两个巨大的中国人像，一男一女，握着秋千的绳子。蒙维尔荒漠园的中式房屋

---

[1]　Edwards and Darly, *A New Book of Chinese Designs*…, 1754, pls. 44, 56.

[2]　Grohmann, *Ideenmagazin*, vol. 1, no. 8, pl. 1; G. van Laar, *Magazijn van Tuin-Sieraaden*…, 1831, pl. CV, no. 3.

里有几个中国人像，一个倚在屋顶花园的格栅上，另一个在入口处拿着提灯。在莱尼王爵位于贝洛伊的园林里也有很多中国艺术风格的物件，其中就有一个大型中式人像。在贝茨园林的岩石上有两个身着宫廷服装的中式摆头瓷偶，旁边还有一些巨龙，共同守卫着桥梁的一端。这些奇特的人偶抛弃了怪诞风格的其他元素，因此，作为一个使人着迷的主题，被模仿风格保留了下来。钱伯斯可能会反对这样做，但他的追随者们不像他一样严格，因此无法抗拒将人物元素添加到异国建筑中的诱惑。不过，他们还想到了其他办法来让奇特的人物使异国建筑更加生动。有时，通过给仆人穿上中式的衣服就可以达到这种效果，例如在维也纳附近的拉克森堡和巴黎附近的蒙索。异国风格和怪诞风格引入了园林建筑中的中式人像，这些建筑是模仿风格从中发展出来的最后一个阶段①。

使用中国人的头像作为装饰手段与用整个人物作为装饰一样常见。蒙古人物的特征通常包括丹凤眼和长胡须，在大多数情况下，圆锥形的帽子是不可或缺的。在拉内拉赫花园（Ranelagh Gardens）的一座中国建筑的屋顶下，柱子上装饰着带角状头饰的怪诞风格半身像。

---

① 在十九世纪初的巴黎，这种乔装在"中式咖啡馆"（Café des Chinoises）里仍然可以找到。Cuisin, *Les Bains de Paris et des Principales Villes de Quatre Parties du Monde...*, Paris, 1822, p. 105.:

"多么美妙的国家啊！不要离开巴黎，　　　　一个来自中国北京的管弦乐队
皇宫里有中国女人。　　　　　　　　　　　　用鼾声表演马丁的独奏。
一个是咖啡，另一个是奶油冻。　　　　　　　离林荫大道不远，两个怪诞的人
你喜欢中国菜吗？　　　　　　　　　　　　　用中国阳伞遮住了自己的肤色，
莉斯、阿黛尔和克莱门斯，可爱的波尔多人，　他们的脸上充满快乐。
这里分散你注意力的是日本人。　　　　　　　他们的衣服上挂着阿拉伯花纹的徽章。
噢，败家之子，这些迷人的印第安人　　　　　巴黎人就在他家附近。
三天内学会了巴黎的礼仪。　　　　　　　　　是的，可以拿着手杖去广州。"

这是一座开放式的礼堂，建于十八世纪中叶，位于著名的伦敦游乐场内的运河边。它代表了从怪诞风格到模仿风格的过渡[1]。哈夫彭尼一派的设计师特别喜欢在他们的中国建筑物上使用人头像，尽管其中一些甚至没有明确的亚洲种族特征。他们并不总是能成功地将其与涡卷状装饰相结合，有时候，那些戴着圆锥形帽子的头像会突兀地出现在门、窗和桥[2]上。这种人头像与巴洛克风格装饰之间的不协调在"中国风情的特玛尼"（Termany in the Chinese Taste）[3]中体现得最为明显，它有一个像农牧神一样的面具，上面有鞑靼人的头像；尽管面带微笑，却给人一种被处刑后受困于此的印象。另一个格栅"特玛尼"（图19）也是以类似的方式装饰的[4]。"带有中国风情"[5]的壁炉架上装饰着一个披着斗篷的中国人半身像，这在欧洲艺术中并不鲜见，但中国人自己却从未见过这种雕像[6]，哈夫彭尼派设计师所展现的效果更是荒谬可笑。

　　在中国，人像并没有以前面提到的任何方式被应用于建筑中，因此这类装饰在欧洲的兴起并不是来自游记。它更像是一种转化，将西方实践转化为中国方法论，而且只有在所有中国艺术风格中最自信的怪诞风格才能以如此大胆的方式进行呈现。中国设计师不会将人像用于装饰，他们永远不会将建筑形式拟人化。在中国，如果人像出现在建筑物中，它一定与墙壁或屋顶上展现的某些场景有关，因此本身就

---

① Le Rouge, *Jardins Anglo-Chinois*, cah. 6, no. 7.
② Halfpenny, *Rural Architecture*, pls. 9, 10, 28.
③ 同上，插图 22。
④ 同上，插图 15。
⑤ 同上，插图 58、32。
⑥ 这个设计与拉内拉赫花园亭子上的半身像处于同时代。

具有造像而非装饰性功能，而包含人像在内的整个场景则遵循建筑装饰规则。神、魔鬼和护卫的形象代替了一般的人物来装饰寺庙，因此，波茨坦日本屋周围的群像或许有理可循，但屋顶上的中国人像就完全不合理了。这一点不能够用逻辑来解释，所以只能被当作一个欧洲建筑的细节。中国人对人物形象的概念更加现实，不接受将人物形象风格化并作为装饰品的做法，而且也不像希腊人那样强调艺术中的人体美。

中国的和中国艺术风格装饰中最常用的元素之一是龙。这种艺术表现源于对其存在的一种非常真切的信仰。龙是"云和雨的创造者和象征，因此也是表现帝国尊严的强大力量。"①考虑到龙的象征性功能，它们首先被用于仪式用具的装饰，然后发展到雕塑和建筑上。龙的雕刻品随处可见，有些缠绕着柱子，有些盘在屋顶上，有些装饰墙壁和扶栏。毫无疑问，它们给第一批欧洲游客留下了深刻印象，这是中国的一个特色。它们被装饰在漆器、瓷器和丝绸上，并被引进西方，而旅行者则用文字和图片描述它们在建筑中扮演的角色。例如，尼霍夫发表了"辛集镇宝塔"的第一张照片，并在其描述中说："……屋顶上悬挂着金属铃铛，上面雕刻着精巧的龙和其他虫类"。而在另一个地方："著名而杰出的特万庙（Teywanmiao）塔楼……其屋顶用中国的方式巧妙地装饰着龙和各种各样的人物。"②在达珀（Dapper）的书中，凯旋门顶上也有这种神话生物③。而在彼得·凡·德·阿撰写的《世

---

① 翻译自 J. J. M. de Groot, *Universismus die Grundlage der Religion und Ethik…*, 1918, p. 352.
② 翻译自 Nieuhof, *Die Gesantschaft*, pp. 151, 152. (Pelka, *Ostasiatische Reisebilder*, p. 18, pl. 20, fig. 39.) 同上，p. 137. (Pelka, *op. cit.*, p. 15, pl. 15, fig. 28.)
③ Dapper, *Gedenkwaerdig Bedryf*, p. 128. （Pelka, *op. cit.*, p. 34, pl, pl. 41, fig. 90.)

界上令人愉快的画廊》（*La Galerie Agréable du Monde*）中，它们以中国艺术风格的龙最常见的形态出现在"日本城斯蒙吉旁边的奥涅斯庄园"（Seigneurie d'Onnays à coté de Smongy，ville de Japon）的屋顶上，以及同一本书的其他几张照片里[1]。这些龙带有尖头和耳朵，两条腿，翅膀短，尾巴长而卷曲。杜赫德关于中国的书中，有雕刻着龙的凯旋门（图 2）[2]，但这件雕刻作品在细节上并非中国式的。

　　如上所述，所有欧洲的中国龙类型中最完善的例子，可以在波茨坦无忧宫园林内的龙宫（图 46）找到。这是为数不多的还保留着龙的装饰的宝塔之一；像邱园塔（Kew Pagoda）上的龙就已经消失了。欧洲的中国龙几乎都有翅膀，而真正的中国龙是没有的。龙的原型是有着四条腿的大蜥蜴，而那种有翅膀的龙只有两条前腿和一条盘绕的大尾巴[3]。如果我们把这种有翅膀的动物与未受中国影响的欧洲民族古老神话形象进行比较，我们会发现许多相似之处[4]。这再次表明了设计师关于中式风格的尝试是多么肤浅，一听到建筑物上的龙，就把欧洲龙放到屋顶上，从来没有想过这是否与中国龙看起来相同。龙成为屋顶装饰最重要的必备品之一，特别是在模仿风格中，模仿风格未经辨别地采用了异国风格所引入的龙的形象。由此，关于龙的讨论同时涉及三种风格。

---

[1]　Van der Aa, *La Galerie Agréable*, vol. 59, pl. 13a.（Pelka, *op. cit.*, p. 47, pl. 58, fig. 126.）同上，pl. 13b: "Palais du Vice-Roi."（Pelka, *op. cit.*, p. 47, pl. 59, fig. 128.）同上，pl. 45: "日本贵族女士的壮丽战车。"（Pelka, *op. cit.*, p.49, pl. 64, fig. 148.）

[2]　Du Halde, *Description Géographique*, vol. 2, p. 35.

[3]　Edwards and Darly, *A New Book of Chinese Designs*, no. 51（Decker, *Chinese Architecture*, pl. 4），使用真正的中国龙作为"壁龛"的背景，可能是复制中国刺绣上的图案。

[4]　参见"小青铜龙"，意大利，十六世纪，阿姆斯特丹国立博物馆。

随着中国建筑风潮的传播，那些坐在亭台屋顶上的人像引出了一个问题，且这个问题变得越来越重要，即如何为建筑加顶。宝顶（chattra），作为中国宝塔的传统装饰，源自印度佛塔伞柱上的一系列圆环。普通的欧洲人不解其意，直到模仿风格盛行，才开始使用这种装饰。由于必须找到其他具有更鲜明异国风格的解决方案，坐着的中国人像和龙就成了首要选择。在上文提及的皮尔尼茨河畔宫殿的浮雕式灰色装饰画上（图 39），一座中式建筑以装饰在风向标上的有翅膀的龙为特征；这实际上是在布鲁尔的印度建筑上使用过。从这个时候开始，龙就是屋顶上常见的装饰品之一，虽然它在中国的运用从未局限于此。可见，即使是模仿风格的复制也是非常粗糙的。只有钱伯斯的设计最符合实际，他从来没有把龙放在屋顶中央。他在关于邱园建筑的书中重新建造了孔庙（图 13），屋顶上有一条龙，但它并不是出于钱伯斯的计划，而是他接手这个项目前的几年就建成了。贝德福德郡韦斯特花园（Wrest Park）的中国建筑（图 52）被认为是钱伯斯建造的，但没有足够的证据。它的屋顶尖顶上有一条龙，这一事实证明这种说法是错误的。皮尔尼茨园林里的小亭子（图 86），建于 1804 年，受到钱伯斯设计的影响，但它也有一个龙的风向标，由此可见这个元素在欧洲的中国建筑概念中是如何根深蒂固。奇怪的是，哈夫彭尼一派的设计师从来没有在他们建筑的尖顶上使用龙，但是爱德华兹和达利在"管弦乐池"（Orchestra）这件作品上非常小心地画了龙[1]，并且在哥特式的影响下，欧维尔在"中国寺庙"中也画了它们[2]。大约

---

[1] Edwards and Darly, *A New Book of Chinese Designs*, no. 49.

[2] Over, *Ornamental Architecture*, pl. 23.

在 1800 年，有两位法国设计师用龙为他们的亭子做装饰，其中一位是柏太德（图 28）的合作者①之一庞瑟龙②，另一位是图安③。在德国，舍费尔在他的两个中国作品中都做了同样的事情（图 37）④，格罗曼还建造了一个装饰着龙的鸟舍⑤。

如前所述，这种类型的屋顶装饰已经在布鲁尔和邱园得到应用。十八世纪晚期，在赖因斯贝格的渔屋（图 48）和迪斯考的亭子屋顶，龙被平稳地放置在一根高杆上。在布洛涅森林（Bois de Boulogne）圣詹姆斯庄园（Parc St. James）里的中国建筑屋顶上，龙被用针穿过，与巴黎蒙莫朗西酒店的亭子一样。而在巴黎附近的罗曼维尔（Romainville, 图 64），一条作为装饰的没有翅膀的龙受到尤其残酷的对待，它被竖直的箭钉在了亭子的顶上。

龙经常出现在飞檐和屋顶的边缘，就像出现在塔尖上一样频繁——这是一种正统的中国做法。关于十七世纪旅行者的游记已经被引用过了，钱伯斯也带来了一些例子⑥，这些例子是他在邱园塔的建造中所遵循的。在波茨坦的日本屋里（图 42），只有龙的头部附在屋顶的边缘⑦。但是在赖因斯贝格，嘴里含着铃铛的巨龙被装饰在角落，并且是朝下看的，这种有趣的细节特别受到模仿风格的青睐，尽管这种龙和铃铛的紧密结合在东方并不存在。后来的赖因斯贝格建筑，

---

① Boitard, *Traité*, pl. 77.

② Panseron, *Six Cahiers des Jardins Anglo-Chinois*, vol. 3, cah. 5, pl. 4.

③ Thouin, *Plans Raisonnés*, pl. 53, no. 8.

④ Becker, *Neue Garten- und Landschafts-Gebäude*, no. 1, pl. 5; no. 4, pl. 34（文中错误地写为 pl. 33）．

⑤ Grohmann, *Ideenmagazin*, vol. 2, no. 24, pl. 9.

⑥ Chambers, *Designs*, pls. 2, 3.

⑦ 它们已经不复存在。

如雷姆斯岛（Remus Island）、中国屋和码头支柱，都使用了相同类型的龙。除了布鲁塞尔附近斯科南贝格（Scoonenberg）的中国橘园（Orangerie），还有很多其他地方有这种龙，比如巴黎附近的巴加特勒（Bagatelle）的中国桥（图 63）和印度帐篷（Indian Tent, 图 62），朗布依埃（Rambouillet, 图 66）、阿门维尔（Armenvilliers, 图 78）和蒙贝利亚尔（图 76）的中式建筑，维也纳附近拉克森堡（图 82）的一座桥的亭子上，以及伦敦一座由克拉夫特重建的园桥上①。另外众多建筑中，值得一提的有莱特勒（Lightoler）的"农场"②、格罗曼《创意杂志》中的两个例子③、柏太德书④中受钱伯斯启发的一座中国屋（图 27）⑤，以及杜古里的宝塔。直到十九世纪的第二个十年，怪物和龙还被用来设计成斯塔塔福德郡奥尔顿塔（Alton Towers, Staffordshire）的塔顶喷泉，但这项计划并未动工。

　　龙并不是只被装饰在屋顶，虽然这种做法是最常见的。它们还可以装饰小游船，因为水是与它们有特殊联系的元素，前文提到的皮尔尼茨的贡多拉⑥就是最早的例子。这艘船建于十八世纪中叶，位于温莎附近的弗吉尼亚湖（Virginia Water）上，一只长着翅膀和鳞片的怪物占据了整个船身（图 55）。大约在同一时间，欧维尔设计了一艘"中国龙舟"⑦，整艘船都被塑造成怪物的形状。这个想法不是他独创的，

①　J. C. Krafft, *Plans des Plus Beaux Jardins Pittoresques de France…*, 1809, pl. 8.

②　Lightoler, *The Gentleman and Farmer's Architect*, pl. 17.

③　Grohmann, *Ideenmagazin*, vol. 5, no. 4, pl. 6; vol. 5, no. 7, pl. 7.

④　Boitard, *Traité*, pl. 58, no. 2.

⑤　Chambers, *Designs*, pl. 3. 另参见 Le Rouge, *Jardins Anglo-Chinois*, cah. 2, no. 4.

⑥　见 71 页。

⑦　Over, *Ornamental Architecture*, pl. 51.

而是源于中国。早在 1668 年，伊拉兹马斯·弗朗西斯科斯（Erasmus Franciscus）的一幅有一艘蛇形中国船[1]，以及一艘类似欧维尔设计的龙舟的画就已出现在巴黎国家图书馆的中国水彩画册《北京商店》的第一页上。格罗曼为两艘中国船设计了图案，其中一艘以龙作为船尾，另一艘屋顶上有一条龙[2]。杜古尔用一条有翅膀和龙头的长蛇装饰他的设计（图 29）。

在波茨坦和卓宁霍姆宫，龙是一种异国风格的门楣装饰，最先为欧洲大陆的建筑师提供这一细节的可能是欧维尔的一个设计（图 24）[3]。龙支撑着卓宁霍姆宫殿的露台，而在中国，龙的装饰并没有这种功能。我们在阿特拉斯（Atlas）看到的这种做法，其根源要从欧洲的建筑中去寻找，尽管中国艺术风格中极少出现这种形式。在格罗曼[4]复制的"中国式水柜（Watercabinet in the Chinese Taste）"中，一只海豚状的怪物可以喷水，其功能类似于奥尔顿塔的龙。在德绍附近的奥拉宁鲍姆，出现了一个罕见的解决方案——欧洲的复制者们完全仿照中国，把龙当作平面装饰品填满了墙壁。在这座中国建筑中，蓝色背景上的六条黄龙装饰着门廊两个屋檐之间的墙。在蒙索，几条龙盘绕在中国桥梁的支柱上；在温莎附近弗吉尼亚湖的渔亭，以及尚蒂伊的凉亭，蛇以同样的方式缠绕在屋顶尖顶上（图 56）。蛇是龙的远房表亲，并且似乎与中国的无翅物种有关。前卫而短暂的形式，比如杜古尔的船（图 29），被应用于哈夫彭尼派的设计中——几乎每一

---

[1] *Erasmi Francisci Ost- und West-Indischer… Stats-Garten*, pl. 46.

[2] Grohmann, *Ideenmagazin*, vol. 1, no. 4, pl. 2.

[3] Over, *Ornamental Architecture*, pl. 37.

[4] Grohmann, *Ideenmagazin*, vol. 3, no. 31, pl. 6："吕伯先生制作的中国式水柜。"

座异国建筑的周围都盘绕着奇怪的蛇形生物。

就像棕榈树、中式人像、龙一样，伞也是"中国"建筑的装饰。尽管在中国没有这样的例子，由于伞被视为异域风情的一种充分表达，它还是成了远东地区建筑的特色。事实上，伞在中国不是建筑装饰物，而是日常使用的物品，所以那些游记和中国艺术风格版画才会对其进行描绘[①]。在还未习惯的西方人眼中，伞从一个物件变成了一种象征，怪诞风格往往将阳伞作为一种标志放在中国人像的手中[②]。在布鲁尔（图40）、波茨坦（图43）和赖因斯贝格（图47）的屋顶上都装点着中国人像和阳伞。很快，欧洲人开始把阳伞视为一种独立的外来元素，与中国人像分离开来，不久之后就有了单独用阳伞装饰的屋顶。最早的尝试是由欧维尔（图24）[③]完成的，后来弗吉尼亚湖的船上和尚蒂伊的小亭子上也使用了阳伞。后两处的阳伞上挂着铃铛。铃铛也是一种小巧但令人信服的异域风情元素，它被不分青红皂白地与所有中国艺术风格联系在一起。

尽管将阳伞作为建筑上的装饰没有得到中国习俗的认可，这种设计还是被模仿风格所继承了，阳伞的凸曲线和铃铛装饰完美契合了中国建筑的轮廓。阳伞结构被用于弗吉尼亚湖的中国船屋，船屋比龙舟建造得晚。在朗布依埃的中国亭（图66）也使用了阳伞，荷兰巴伦

---

① Nieuhof, *Die Gesantschaft*, title-page.（Petka, *Ostasiatische Reisebilder*, p. 8, pl. 1, fig.1.）

同上，p.64.（Petka, *op. cit.*, p.8, pl. 2, fig. 3.）

同上，p.84.（Petka, *op.cit.*, p.11, pl. 7, fig. 13.）Dapper, *Gedenkwaerdig Bedryf*, p. 405.（Pelka, *op. cit.*, p. 35, pl. 44, fig. 95.）

② Grohmann, *Ideenmagazin*, vol. 2, no. 22, pl. 5; J. G. Grohmann, *Kleines Ideenmagazin für Gartenliebhaber...*, 1816, vol. 8, no. 3; Cuisin, *Les Bains de Paris*, p. 105. 见 98 页注释①。

③ Over, *Ornamental Architecture*, pl. 37.

（Baarn）那座被称为"北京屋"的夏宫也装点了许多小而尖的阳伞，像是安置在球上面的小帽子（图89）。大约1800年，在很多建筑设计中，伞和建筑上面的圆锥形屋顶结合在了一起，在主屋顶上形成了一把小伞，因此很难判断阳伞和屋顶哪一个才是中式建筑最基本的形式[①]。

伞不仅作为一种装饰品出现，而且在相当早期的阶段就被用作了它原本的用途。它被设置在花园里作为遮阳伞，一般位于长凳上方。这种类型的第一个设计出自欧维尔，名为"伞座"（An Umbrello'd Seat, 图23）[②]。再之后的一个伞状建筑模型在格罗曼的《创意杂志》中出现，名为"带有八角长凳的中国阳伞"[③]。莱尼王爵提到他在贝洛伊的城堡里有一个大遮阳伞，这个遮阳伞被一个中国人像举着，这样人们就可以舒服地坐在遮阳伞下。其他的类似设计则出现在德国丹泽市（Danzig）附近的奥利瓦（Oliva）以及腓特烈·威廉二世统治下建造的波茨坦新式花园。几乎每一中国风格的旋转木马的中心都是一把大阳伞，但它没有任何实用价值，因为它的影子很少能投射到玩家身上。圆圆的伞有凸出的弯曲的顶端，这个设计是蒙索的旋转木马的一部分，也是对小特里亚农的模仿。它们也被用在中国风宴会厅里，但这些伞都装饰着铃铛，就像在蒙贝利亚尔那样。

花环覆盖屋顶的装饰方法几乎完全局限于异国风格的建筑，因为它原产自欧洲，没有起源于中国的证据。波茨坦的日本屋（图42）上画着带状的叶形图案，呈斜线排列在下层的屋顶。在伍尔茨堡的平面

---

① 　Grohmann, *Ideenmagazin*, vol. 2, no. 22, pl. 5; vol. 5, no. 7, pl. 7; Boitard, *Traité*, pl. 58, no. 1; M. Woelfer, *Sammlung von Auserlesenen und Ausführbaren Architektonischen Garten-Verzierungen…*, 1825, p. 9: "中国凉亭。"

② 　Over, *Ornamental Architecture*, pl. 8.

③ 　Grohmann, *Kleines Ideenmagazin*, vol. 2, no. 8.

图（图50）和庞瑟龙[①]的一个设计中，巴洛克花环雕刻只用于和中国没有任何关系的建筑物，或者只用于中式亭，因为中式亭是园林建筑，而园林建筑的特点让它们更倾向于这种风格的装饰。那些风格化的植物藤蔓雕刻物也是一样，比如哈夫彭尼和欧维尔经常使用的那些藤蔓雕刻物，藤蔓雕刻物常常会被处理为某种介于贝壳装饰和哥特式花形浮雕之间的装饰。在卓宁霍姆宫，藤蔓雕刻装饰着屋顶的角落，角落挂着铃铛，而不是赖因斯贝格的那种龙。

　　到目前为止讨论的所有细节都相当有趣。尽管这些设计对那时候的中式建筑爱好者来说意义非凡，但以今天更具批判性的眼光来看，它们并没有给人留下什么是中国建筑的印象。异国风格有一个不可或缺的特性是真正的中国建筑的特征，那就是曲面屋顶。曲面屋顶和悬挂在屋顶上的铃铛是中国建筑最常见的特征，这两种装饰方法的使用非常广泛，几乎不可能穷尽这方面的例子，因为它们几乎可以在每一座中国园林建筑中找到。它们在中国风格中是最简单和合理的建筑和装饰方式，这使它们尤其在模仿风格中受到喜爱。寺庙屋顶角落挂着的铃铛对于不了解中国的欧洲访客来说非常新颖，并给他们留下了一个深刻的印象。这印象是如此深刻，以至于在中式建筑发展的最后阶段这种组合的仿制品随处可见，它们有的是响亮的铃铛，有的被做成流苏[②]，有的甚至像是橡子[③]或鸵鸟蛋[④]。伊拉兹马斯·弗朗西斯科斯

① Panseron, *Six Cahiers des Jardins Anglo-Chinois*, vol. 3, cah. 5, pl. 4.
② 波茨坦，日本屋。
③ 卓宁霍姆宫，第一座中国屋，见80页。
小特里亚农宫，参见 G. Desjardins, *Le Petit Trianon, Histoire et Description*, 1885, p. 224.
④ 桑利斯（Senlis）附近贝茨园（Betz）的中式亭。
Panseron, *Six Chaiers des Jardins Anglo-Chinois*, vol. 3, cab. 5, pl. 4.

描绘了南京的琉璃宝塔，弯曲的长木板上挂着许多小铃铛[①]。尼霍夫告诉了人们关于"辛集镇宝塔"上的钟声[②]，《论中国建筑》一书的文章中带有"中国楼阁"（Cabinet Chinois）的插图："挂在屋顶上的小铃铛很薄，很轻。它们被风吹动，中国人喜欢在花园的孤独中听到这种声音。"这些话告诉我们，为什么中国人把这些小小的铃铛挂在他们的宝塔和园林建筑上。欧洲人将铃铛作为一种装饰来随处使用，这一例子再次体现出了欧洲人对于中式建筑的应用是多么肤浅，即使铃铛已经是最具有中国特色的建筑形式。无论是在异国风格中还是怪诞风格中，这些不准确之处都不能算是严重的错误，因为设计师本来就没有以模仿准确作为目标。他们乐于接受不同的想法，尽可能地使用外国的建筑形式，且无视这些形式所内含的异国的规则。他们只是在寻找创作素材，他们的风格法则已经被确立了，他们没有假装要采用其他国家的建筑法则。这种对于异国设计理念自由而肆意的使用是早期中国艺术风格的优点，但到了模仿风格时期，这就成了一种缺点，因为模仿风格的目标与异国风格和怪诞风格不同。模仿风格的目标是建造真正的中式建筑，而不再是欧洲人概念中的中国艺术风格的建筑，因此任何不合时宜的异国细节都会影响复制品的价值。这种情况不会发生在棕榈树状柱和中国人像雕塑上，因为它们是欧洲人在建筑领域的发明，欧洲人可以决定它们的用途。只要建筑的特点是西方的，它的外国细节就不必符合东方的风格。而建筑的主体结构一旦中国化，细节就必须按照中国的建筑规则来实施,这样才能形成一个有机的整体。

[①]　*Erasmi Francisci Ost- und West-Indischer…Stats-Garten*, pl. 59. 这幅版画歪曲了这座宝塔的形象。
[②]　Nieuhof, *Die Gesantschaft*, p. 151. 见 100 页。

第七章
模仿风格的演变

在建筑领域，异国风格和怪诞风格的兴衰交替延续了整整一个世纪。对于这两种风格的最初尝试出现在大型建筑和具有纪念意义的园林建筑上。十七世纪晚期和十八世纪早期的乡间别墅被设计成宫殿的形式——即使它们规模很小，但仍然是宫殿建筑。这类别墅借用了宫殿建筑的基本结构，因为它们必须提供宫殿般的住宿条件，以此满足被奢靡的生活习惯和浮夸的社交礼节所累的社会的种种需求。特里亚农瓷宫（图38）、皮尔尼茨宫（图39）、卓宁霍姆宫的中式园林建筑（图45），甚至吕内维尔宫的建筑（图41），都不是英国建筑师所说的异国风格和怪诞风格的园林建筑，也不完全是模仿风格。尽管如此，相较于后来几十年更巍峨高耸的建筑风格，这些乡间别墅仍是巴洛克式的。这些乡间别墅是为夏季度假而建造的，建筑本身希望周围园林为其增色。对于规则式园林来说，这是最贴近自然欣赏的方式了。英国人对户外的态度发生了彻底的改变，建立了一种与自然美的崭新的亲密关系，带来了一种对简朴乡村景色的怀旧式的欣赏，实现了纪念性建筑与园林建筑之间的彻底决裂。巴洛克宫殿的巨大规模不适合以自然为主导、艺术为自然服务的英式园林。这种人与自然之间崭新的亲密关系不需要华而不实的结构来宣告人类的卓越，也不会限制人类的活动。人们不再在园林里放置宏伟宫殿的纪念物，随着这种新式建筑的兴起，人们对于辉煌建筑的追忆也消散了[①]。建筑设计师的工作从前仅限于构思建筑细节和装饰，但现在他们拥有了完全的创作自由。巴洛克风格和严肃的古典主义再也不能限制建筑师们的想象力，如果他们想模仿一座具有异国情调的建筑，他们现在就可以模仿它的结构和装饰。

英国人最先意识到这一点。事实上，英国的中国艺术风格正是从这里开端。据说在英国，没有一个重要的建筑遵循了异国风格或怪诞风格，甚至哈夫彭尼的设计也带有模仿的意味，这种模仿特别体现在他们对曲面屋顶和轻型结构的雕花格纹的强调上，这些特征可以在十八世纪中叶建造的三座建筑上找到踪迹。在怪诞风格统治欧洲大陆的时代，英国已经开始尝试将中国艺术风格不仅作为一种装饰美学，而且作为一种建筑风格来使用，从而为钱伯斯的建筑设计铺平了道路。最后一章中提到的位于伦敦拉内拉赫花园中的凉亭（图53）、泰晤士河沿岸的特威克纳姆地区（Twickenham）中拉德诺勋爵（Lord Radnor）庄园里的一座中式塔楼（图54），以及邱园的孔庙（图13），就它们的建造时间而言可能属于之前的风格。早期文献告诉了我们这些建筑诞生的最晚时间：拉内拉赫花园建造于 1751 年之前，特威克纳姆的塔楼建造于 1756 年之前，根据钱伯斯在 1763 年写下的文章，孔庙"在多年前就竣工了"[②]。这些日期使得这些建筑几乎与

---

① 翻译自 Hirschdeld, *Theorie*, vol. 3, p.43: "园林建筑不应因其尺寸或宏伟程度而引人注目。"

② Chambers, *Plans, Elevations...of the Gardens and Buildings at Kew in Surry*, p. 4, and pl. 15.

哈夫彭尼的设计处于同时期，甚至比波茨坦更早。这些建筑确实有早期风格的元素，然而它们的外形轮廓，它们给人的第一印象，会让习惯于洛可可风格的观赏者感到吃惊。这些建筑的屋顶并非折线形，它们的屋脊从顶点向下倾斜到拐角，形成一条凹形曲线。拉内拉赫花园中的凉亭遵循的是哈夫彭尼和欧维尔所倡导的那种由木柱和格子组成的开放式结构。它的平面图很不寻常，一个方形的四角亭沿四个角向下倾斜。圆柱形的亭柱以人头造型柱头与亭顶连接，其格子图案与哈夫彭尼的一个设计十分相似[①]。整个结构看起来很结实，棱角分明，暗示它们的材料是木材和金属板，这与洛可可风格的圆形建筑截然不同。

很难说是哪个样式影响了特威克纳姆凉亭的设计。这比哈夫彭尼、欧维尔、爱德华兹和达利的任何一种设计都要简单、庄重，尽管它可能是一个八边形混合建筑，带有拱形的法式窗户和从哈夫彭尼那里继承下来的中式屋顶。屋顶本身有夸张的尖顶，上面挂着铃铛，这在爱德华兹和达利的设计中都曾出现过。这些尖顶变成了后来建筑的特征，尽管它们被钱伯斯所回避，钱伯斯对厚重的中国屋顶有更真实的理解。

这两处亭子的周围环境截然不同，但每个亭子都有其时代特色。拉内拉赫花园是伦敦时髦的度假胜地，它试图迎合不那么精英的群体的口味。拉内拉赫花园参与到娱乐活动中，把"新颖"作为自己狂欢的口号和化装舞会的面具。拉德诺勋爵的花园里的建筑风格各异，不能从学术的意义上对它们的风格进行严格区分。事实上，给它们的风格冠以任何名字都很困难，因为它们的主人有着那个时代绅士们的不

---

① Halfpenny, *Rural Architecture*, pl. 11.

拘一格的品味。而邱园则代表了第三种类型，即王公贵族的游乐场。正如钱伯斯所认为的那样，孔庙（图 13）是依据"古皮（Goupy）先生的设计建成的"[①]。这是一座两层的八角形建筑，矗立在一个湖口。农牧之神面具和屋顶上的龙形雕刻物属于怪诞风格，但其结构却具有模仿风格的那种清晰却有些呆板的轮廓。丰富多样的格子图案让人想起爱德华兹的和达利的更为活泼的设计。总的来说，它是欧维尔和哈夫彭尼风格的典型产物，但可能受到钱伯斯《设计》一书的早期影响。

孔庙建成后不久，钱伯斯的个人风格就渗入了邱园。展现了钱伯斯风格的建筑成为从西班牙到俄罗斯的整个欧洲大陆上的国家所赞叹的典范。他的第一个中国风建筑矗立在花园中野生动物聚集的一个小岛上，他描述这个建筑为"一个不规则的八边形亭子，由我模仿中国开放式亭子而设计，建造于 1760 年"（图 14）[②]。令人感兴趣的是，钱伯斯在非常接近地模仿中国设计的同时（图 10）[③]又赋予了自己的创作一定的轻盈感。这主要是通过将每个重型柱子分为两个轻型柱子，以及非常稀疏地填充格纹来实现。这种轻巧的设计使钱伯斯的亭子符合他对中式建筑在西方园林中的定位："建筑中的玩具"[④]。

大宝塔（图 15 和图 16）始建于 1761 年，次年春天完工，是一项更为重大的工程。钱伯斯在大宝塔的设计上应用了他自己绘制的广州八角塔（图 9）的设计，但改变了建筑比例。邱园的塔有十层，而不是七层，每一层的层高都比广州塔低。突出的屋顶是一个更重要的特

---

① Chambers, *Plans, Elevations… of the Gardens and Buildings at Kew in Surry*, p. 4, and pl. 15.

② Chambers, *Plans, Elevations… of the Gardens and Buildings at Kew in Surry*, p. 4, and pl. 15.

③ Chambers, *Designs*, pl. 7.

④ 同上，p. a^2.

征，从而使邱园的大宝塔更像是南京塔的当代形态。大宝塔的外形很简单，但彩色的砖瓦、铁板、木结构和屋顶上的八十条龙都非常华丽，在塔顶还有镀金的宝伞为其加顶。

这座一百六十三英尺（约 49.7 米）高的建筑物是如此引人注目，以至于它的建造成功地给这片大陆上所有雄心勃勃的园林主人都留下了深刻的印象。在接下来的四十年里，人们建造了数不胜数、各式各样的邱园大宝塔的仿制品。事实上，大宝塔不仅仅是作为一种新的装饰风格或建筑形式被嫁接到西方结构上，而是在欧洲作为迄今为止未知的一种新型建筑被完整接受，这标志着模仿风格的绝对胜利。波茨坦宝塔（图 46）、尚特卢宝塔（图 71）、斯科南贝格宝塔、蒙贝利亚尔宝塔（图 77）、慕尼黑的中国塔（图 88）、奥拉宁鲍姆宝塔（图 87）、萨尔斯科耶·塞洛宝塔等都是钱伯斯取得成功的证明。怪诞风格无法与中国艺术风格的新潮流相抗衡，这种新潮流崇尚钱伯斯引入的那种奇特但朴实的外形，以简单的曲面屋顶作为建筑的唯一曲线，纵横线条清晰，棱角分明。这种对英格兰建筑的新影响可以从贝德福德郡韦斯特花园的一座亭子（图 52）中看出来，有些人认为这是钱伯斯本人的作品：一座小巧的开放式四角亭，有双层屋顶，其装饰图案与钱伯斯《设计》中的图案非常相似。大约在同一时期，欧洲大陆上的克罗伊王子（Prince de Croy）遵循钱伯斯风格的亭子（图 8）[1]做了绝妙的建筑设计，这个设计由拉鲁日出版（图 73）[2]。蒙维尔荒漠园（图 68）也体现出了钱伯斯的影响，虽然其设计中也存在西方式的想象。

---

[1]　Chambers, *Designs*, pl. 6.

[2]　Le Rouge, *Jardins Anglo-Chinois*, cah. 4, no. 15.

在许多地方，我们发现了模仿钱伯斯广州二层寺庙（图 7）的样例[①]。例如，在阿门维尔（图 78）由柏太德出版的设计（图 27）[②]，以及以一种简化了的形式，在赖因斯贝格的雷穆辛塞尔（Remusinsel）的中国屋；他的中国屋（图 11）[③]立面图被贝克（Becker）出版的沙斐的设计（图 37）所效法[④]；一座中间有一个方形凉亭、两端有装饰花瓶的桥梁在钱伯斯的《设计》（图 10）一书中出现过[⑤]，在巴加特勒（图63）和伦敦都有这样的桥的复制品[⑥]。有趣的是，欧维尔设计的卡塞尔（Cassel）宝塔中也体现了钱伯斯的影响。尽管建筑细节被仔细复制，但在最终的建筑成品中所呈现的是一种全新的朴素整洁的氛围，改变了原设计的精神气质。舒立克特（Schulricht）于 1804 年在皮尔尼茨建造的中国亭（图 86），因为也具有同样的朴素的氛围，而成为受钱伯斯影响的建筑风格中不那么生动有趣的一个案例。

格罗曼的《创意杂志》是内容极尽丰富的模仿风格的设计集。毋庸置疑，格罗曼尊崇钱伯斯所宣扬的关于中国建筑的真正信条，尽管他并不总是能够分辨那些设计——它们属于真正的钱伯斯风格，在钱伯斯的见解中杂糅了古典学派所遗留的特性。话虽如此，他还是重现了一些很好的例子[⑦]。柏太德的设计师，舍费尔和西格尔，通过研究

---

① Chambers, *Designs*, pl. 3.
② Boitard, *Traité*, pl. 58, no. 2.
③ Chambers, *Designs*, pl. 11.
④ Becker, *Neue Garten- und Landschafts-Gebäude*, no.1, pl.5: "中国风格的亭子。"
⑤ Chambers, *Designs*, pl. 7.
⑥ Krafft, *Plans*, pl.8.
⑦ Grohmann, *Ideenmagazin*, vol. 2, no. 23, pl. 7: "中式游乐建筑。"转载于 Krünitz, *Encyclopädie*, pl. F4817. Grohmann, *Kleines Ideenmagazin*, no. 3, pl. 9: "中式花园楼阁。"

钱伯斯的建筑碑帖练就了他们对于东方建筑的洞察力。但这些艺术家超越了钱伯斯相对局限的创作范围。他们在装饰上寻求更大的空间，在结构上寻求更多的自由——于是他们回过头去，从怪诞风格和他们能接触到的少数真正的中式风格的源头中寻找灵感。他们还借鉴了波斯和印度的伊斯兰艺术以及埃及和哥特式建筑的细节，并乐于从当时新古典主义潮流中汲取养分。当然，一个真正的艺术家才能成功地融合这些风格迥异的元素，然而遗憾的是并非所有十八世纪晚期的园林建筑设计者都可以配得上这个头衔；利用手头的大量材料随意堆砌出一个所谓中国风格的设计实在是太简单了。

中式和哥特式的结合风格最早是由哈夫彭尼引入的，并在他们的设计典范中将这种风格推到了顶峰；后来的设计者在他们的建筑上更少地使用哥特式的细节，只有偶尔使用的尖顶拱门、卷叶饰、卷须或花饰窗格。迪斯考的中国亭的彩绘装饰结合了中式和哥特式的风格。奥尔顿塔的中式或哥特式寺庙是十九世纪第二个十年的一个相当惊人的现象。这座寺庙的所有细节都是哥特式的，但三层尖塔的特性足以让它被称为中式建筑。

伊斯兰建筑偏爱由两个 S 形曲线组成的拱门，这种拱门通过华丽的哥特式风格为人所知，拱门上的装饰物隐约令人想到波斯清真寺的瓷砖装饰；蒙贝利亚尔的中国亭（图 76）和斯特拉斯堡的特勒特尔花园（图 83）也使用了同样的拱门。欧维尔设计的中国寺庙上的新月形装饰[1]只可能来自近东地区。在巴勒莫，西班牙波旁公爵（Bourbon）斐迪南四世（Ferdinand IV）建造法沃利塔别墅（图 92）作为夏宫时

① Over, *Ornamental Architecture*, pl. 21.

很自然地融入了摩尔人的元素。在阿兰胡埃斯（Aranjuez，图91），从西班牙摩尔人的传统中可以窥见中国亭的一种奇特但不准确的复兴；这里的窗格和栏杆让人想起莫卧儿（Mughal）王朝的大理石宫殿，而非中国的建筑。英国沃本修道院（Woburn Abbey）的奶牛场拱廊（图57）和维也纳附近拉克森堡的亭子很少保留了中式风格的细节；由印度引入的精美曲线在这几个建筑上更为明显，埃及元素在这一时期的建筑中非常少见。舍费尔（图37）[①]使用了一个类似于莲饰柱头的柱子；钱伯斯用一排竖直的叶子装饰了一个檐口，这是一个同时也被用于蒙维尔荒漠园的大门（图69）和格罗曼的"马棚"（图36）[②]的非中式设计。由汉字作为表面花纹的墙面装饰，这种设计出现在尚蒂伊（图60）和格罗曼的作品（图30）中[③]。这在中国并没有先例，但类似于埃及墓室墙壁上覆盖着的象形文字。

中国建筑风格从一开始就是一种国际性的风格，尽管在传播过程中也受到了不同民族性格的影响。法国人擅长洛可可式的中式风格，而英国人更为擅长纯粹地模仿。建筑中的中式建筑风格在英国、荷兰、法国和德国得到了最明显的推崇，并从这些国家传播到欧洲的其他国家。英国版画在这场运动中发挥了最重要的作用，这些版画在瑞典、波兰和俄罗斯被学习研究[④]。俄国的叶卡捷琳娜二世按照钱伯斯的理

---

① Becker, *Neue Garten- und Landschafts-Gebäide*, no. 1, pl. 5.

② Grohmann, *Ideenmagazin*, vol. 2, no. 16, pl. 10.

③ Grohmann, *Ideenmagazin*, vol. 1, no. 8, pl. 1："中式楼阁。" Van Laar, *Magazijn van Tuin-Sieraaden*, pl. CV, no. 3.

④ 在彼得大帝的宫廷中，来自东方的中式影响与法国的中国风相遇。参见 Reichwein, *China and Europe*, p. 65. 另参见巴黎装饰艺术博物馆，藏书326号，湖心亭。印刷品和照片："彼得大帝时期花园的亭子。1718年的版画"——一个有简单的曲面屋顶的方形亭子，顶上饰有古典花瓶和大龙。

念布置了萨尔斯科耶·塞洛花园（Tsarskoie Selo），并在自己的统治时期内在那里修建起一个有十八座建筑（含有一座宝塔）的中国村；其中主要的中式建筑是一个鸣亭（Squeaking Pavilion/Scripoutchaja），因其风向标的声音而得名。它有两层高，规模宏大，饰有门廊和柱体。在此，钱伯斯那单调而棱角分明的风格融合了带着东方血统的丰富多彩的俄罗斯艺术。古典主义的影响在大随想亭（Grand Caprice）中得到了体现，这是一座高大的亭子，由六根爱奥尼亚式柱子支撑着夸张的中式屋顶，坐落在一座山上，山中有通往列宁格勒（现称圣彼得堡）的隧道。显然，俄罗斯的其他一些庄园主也遵循了他们的君主所树立的榜样[1]。根据赫斯菲尔德的报告，这种风尚也传播到了波兰[2]。在瑞典的格伦塞（Grönsöö）和维尔纳内斯（Värnanäs）仍然保留了两个纯粹模仿风格的花园房子，它们有双拱顶和简单几何窗格。正如其名"巴加特勒"所示，位于匈牙利埃施特哈齐（Eszterhazy）的中国屋受到了法式风格的影响。马德里附近阿兰胡埃斯的亭子（图91）和巴勒莫的法沃利塔别墅（图92）早已被认为是中式建筑风格南下的里程碑。英中式风格通过席尔瓦（Silva）的一本名为《英国园林艺术》（*Dell'Arte dei Giardini Inglesi*）的书进入了意大利，这是一本出版于大约十九世纪初的英国和德国理论出版物合集[3]，书中包含一个对于模仿风格的中国亭的详细设计图（含有立面图和平面图）。总的来说，欧洲的南

---

① Kurbatov, *Sady i Parki*, p. 652: Nadejdino.

同上，p. 653：Sofievka.

② Hirschfeld, *Theorie*, vol. 5, p. 295: "卡西米尔·波尼亚托夫斯基王子（Fürsten Casimir Poniatowski）的花园……华沙附近。"

同上，p. 312: "戈尔斯（Gorce）或古尔斯（Gurce），到波文斯克（Powonsk）。"

③ 1809 年？

部和东部的国家不像法国、荷兰，尤其是德国那样倾向于采用英式的
设计风格；他们的中式建筑可能会被视为具有"现代意识"的庄园主
的奇思妙想。实际上，萨尔斯科耶·塞洛花园、阿兰胡埃斯的亭子和
法沃利塔别墅仍属于异国风格，尽管这些建筑是出于对由模仿风格传
播的远东建筑的兴趣所建造的。

　　模仿风格的最后一批建筑出现在 1800 年前后，几乎没有什么艺
术价值。这些中式园林建筑要么是乡村风格的凉亭，例如位于英格兰
白骑士（White Knights）和诺曼底卡农（Canon）的亭子，要么是用
于小型茶会的简朴亭子，装饰着一些有异国情调的细节，如位于德国
的帕雷茨（Paretz）和阿尔滕施泰因（Altenstein）的亭子；沃尔弗的
设计①属于后一类。除此之外，还有一些精心设计的且有着同样明显
原创性的建筑，这一点在图安的设计中最为明显；这一类的例子有
建于 1837 年位于热那亚附近佩利（Pegli）的帕拉维奇尼别墅（Villa
Pallavicini）花园内的园林建筑。这座花园中的一座亭子和两座桥是满
足模仿风格的所有必要条件的最晚期的建筑。同样属于这一种类的还
有位于奥尔顿塔的宝塔喷泉（图 58）和中国寺庙，靠近温莎的弗吉尼
亚湖边的建筑（图 56），以及一座被否决的布莱顿（Brighton）的亭
子的设计图，这个设计由于当时的公众开始偏爱印度风格而被否决。
约翰·纳什（John Nash）因庆祝滑铁卢战役在伦敦②圣詹姆斯庄园建
造的一座中式桥梁激起了以下批评，这表明中式建筑风格已经注定将
被新的流行所取代。③

---

① Woelfer, *Sammlung von Garten-Verzierungen*, pp. 9, 22.
② J. Summerson. *John Nash, Architect to King George IV*, 1935, pp. 149-150.
③ A. T. Bolton, ed. *The Portrait of Sir John Soane, R. A.*, 1927, p. 245. 这段引文包含在约翰·泰勒
写给约翰·索恩的一封信中，写于 1817 年 3 月 16 日。

"沃尔科特博士（Dr. Wolcot）的即兴创作：

纳什大师，纳什大师，

你理应被责骂，

因败坏我们王位继承人的品味：

且不必横越海洋

去劫掠中国人

但你应向维特鲁威和索恩（Soane）学习智慧。"

第八章
模仿风格的类型和细节

　　模仿风格对于中式建筑的设想与它之前的异国风格、怪诞风格大不相同。钱伯斯打开了西方人的眼界，因此他们现在把中国建筑视为一个整体，而不是异国装饰物的一个笼统集合。这种变化使得他们开始有意识地采用中国建筑样式，其结果可以根据中国艺术风格建筑所青睐的类型进行分类：宝塔、亭台楼阁、桥梁等。装饰物的品类也发生了一些变化，那些被证明是非中国的元素变少了，比如棕榈树制的立柱和屋顶上的中国人像，而那些从中国建筑中直接复制而来，或者至少达到钱伯斯的那种还原度的装饰物，则开始占据主流。在这种情况下，即使模仿风格的建筑并不总是完全中式的，也绝不会带有怪诞风格的特征。在这个类别中，既有不同形状的简化屋脊和类似的屋顶装饰物，也有更为主要的多样几何格纹装饰。虽然西方人对中国建筑的理解丰富了建筑的可能性，但装饰领域的退化趋势开始显现——除了从异国风格、哥特风格，或者从早期风格很少采用的哈夫彭尼式格纹中继承而来的一些形式（图19），便几乎没有什么新的发明和变化了。中国艺术风格的高潮纯粹是由欧洲人对园林艺术的想象所促成的，在园林建筑领域，波茨坦、卓宁霍姆宫和赖因斯贝格等地迷人的景观由此而生。此外，这种高潮随着对中国园林的热情从英国蔓延到欧洲大陆而过去了。在众多的小花园建筑中，中式风格逐渐开始变得不那么流行，理论家们反对在花园中过度放置外来建筑，攻击这些外来建筑的低劣品味，这样的抗议随处可见。中国艺术风格从宫廷艺术家们讲究的画室里走了出来，进入工房。在那里，大量廉价的装饰物被生产出来，提供给追求时尚的资产阶级。从腓特烈大帝的猴厅可见，来自异国的魅力与明显的洛可可风格以精妙的平衡结合在一起。这种方式衍生出了格罗曼廉价、简单却又新潮的样式，专门为资产阶级的花园所设计。

人们最后一次以中国艺术风格来处理大量建筑群是在卓宁霍姆宫，而更早些的例子有凡尔赛宫、布鲁尔堡和皮尔尼茨宫。这些建筑通过装饰细节和曲面屋顶的轮廓来展现异国风情，这两种方法结合在一起，产生了一种和谐的效果，尽管建筑中依旧保留了晚期巴洛克式的乡间别墅风格。虽然中国样式并不符合欧洲的要求，但模仿风格的艺术家们不敢对其做太多的改变，因此中式建筑从那时起就只能被小规模地建造了。此外，他们还因循守旧地认为如果中式风格被应用于更大的建筑，会产生荒唐的效果——这种顾虑在更早、更自信的几代人眼里是没有的。

中式风格很受园林主的欢迎，却始终不能在建筑领域获得一席之地，因为学术界的严格评判是毋庸置疑的，他们站在欧洲的角度反对这种因完全不同的种族、气候、景观条件和实际需求而产生的建筑风格①。建筑理论家，尤其是十八世纪中叶的法国人，对中式建筑风格

---

① Hirschdeld, *Theorie*, vol. 3, pp. 82 ff.

不屑一顾①。中式建筑风格被认为是如此低劣，以至于在严谨和富有技术含量的建筑艺术中不值得一提。他们当然不可能没有意识到中式风格的存在，因为中式风格不仅被运用于日常使用的许多物品，还以各种各样的方式进入理论家们的生活中。例如，庞瑟龙设计了中式亭子，但他的建筑理论中没有涉及远东建筑这一领域。这意味着在实用建筑和装饰建筑之间有着清晰的界限。没有人想过建造中式风格的实用建筑，只有一个例外，那就是莱特勒的农场②。这座农场荒谬的样子证明了不将中国艺术风格用于实用建筑的这个规则是多么合理。在十八世纪下半叶，中式风格比以往任何时候都更多地局限于园林建筑领域，尽管关于它的理论知识扩展到更大的范围，提供了更多的可能性。

西方人最初决定要复制中国建筑时，仅将这种冒险的尝试局限在小尺寸的建筑物上，这是一种明智的做法，因为中国的纪念性建筑不适合欧洲的状况。不过，只有宝塔是一个例外，相对于大量的亭台楼阁和桥梁，宝塔在少数情况下可以被采用。无论怎么努力，小小的花园房屋都不能对建筑的严肃发展造成什么影响。钱伯斯称它们为"建

① C. A. D'Aviler, *Cours d'Architecture…*, 1750. J. F. Blondel, *Cours d'Architecture…*, 1753. J. F. De Neufforge, *Recueil Elémentaire d'Archilecture*, 1757-1758. Panseron, *Elemens d'Architecture*, 1776. 韦尔在《建筑体系全集》（*A Complete Body of Architcture*）一书中，对中国园林建筑的描写很少，并且评价颇低。参见 Ware, *op. cit.*, p. 645. 格罗曼在《民间建筑与美丽花园艺术手册》（*Handwörterbuch über die Bürgerliche Baukunst und Schöne Gartenkunst*）一书中用了很长的一章来描述中国建筑，并将其与希腊建筑相比较，钱伯斯在他的《设计》一书的序言中也曾有这样的描述。
② Lightoler, *The Gentleman and Farmer's Architect*, pl. 17："……中式风格的小屋和农场。""穆朗"（Mulang）、威廉姆舍赫（Wilhelmshöhe）或沃本修道院奶牛场的农业重要性，也许和小特里亚农的哈莫河一样微不足道。

筑中的玩具"①，这正是它们的原貌，就像十七世纪中国的小瓷人是玩具一样——但是花园的主人们非常认真地对待这个游戏②。他们只对中式建筑华丽而引人注目的外表感兴趣，若要达到这些外表上的要求，用最简单的技术和廉价材料造就的中式建筑就已经足够完美。这就是为什么曾经数量众多的园林建筑如今所剩无几。它们质地不精，经不起多久风吹日晒。当木结构腐坏或过时后，它们就被拆除了，而不是重新修建。

在为数不多得以幸存的大型中式建筑中，有相当一部分是宝塔。这并非因为宝塔是十八世纪的主要中国建筑，而是因为这种规模的塔不能仅仅用木材、铁丝、铅和油漆来建造，而是需要其他更昂贵、更耐用的材料，由此，大部分宝塔能够屹立至今，为我们所见。对欧洲人来说，宝塔是中国最具特色的建筑，只不过它的建造费用太高，所以数量才少于亭台楼阁和桥梁。

在几乎每一张旅游照片和任何关于中国艺术风格的设计中都可以看到宝塔，通常是中国中部和南部的宝塔类型——有几层楼高，周围有扶栏，带有突出的曲面屋顶。上文已经提到过，南京琉璃宝塔在所有游记和西方想象中都具有重要地位。关于它的描绘多种多样，其中伊拉兹马斯·弗朗西斯科斯的透视图极其出色，可以用作参考，此外还有尼霍夫和菲舍尔·冯·埃拉赫的更为精确的版画。《论中国建筑》展现了一座由交叠的扶栏和屋檐环绕的高塔（图3）③，我们可以看到，

---

① Chambers, *Designs*, p. a².
Repton, *Designs for the Pavillon at Brighton*, p.vi："中式（风格）在室外太微不足道了。"
② 翻译自格罗曼的《小创意杂志》的序言："对于庄园或园林的主人来说，他的财产就是玩具。到了老年，人总想找点东西玩玩。"
③ *Essai sur l'Architecture Chinoise*, pl.132："供奉神灵的塔。"

尚特卢的宝塔也具有同样的特征（图 70）。

在拉鲁日出版的中国皇家园林版画[①]中，宝塔显然扮演着重要的角色。一般来说，中国艺术风格建筑的设计者在任何意义上都不会喜欢建筑宝塔，主要是因为建造这么大的一座建筑会涉及很多困难。哈夫彭尼有一个设计被称为"中国凉亭"[②]，只有四层，而且灵感显然不是来自真实的游记；屋顶起伏不平，装饰着铃铛和蛇形雕刻物，门口还挂着面具。爱德华兹和达利设计的一座宝塔看起来与实物更相符[③]，虽然细节上有些天马行空。这是一座六层的开放式建筑[④]，平面图呈正方形。德克尔复制了这个设计（图 18）[⑤]，我们在奥拉宁鲍姆茶馆桌上的刺绣中再次找到了一样的图案。前文提到，格罗曼的书中提到过四座"中国塔"[⑥]；他这样做是为了补全中国建筑的完整图景，而不是仅仅作为模仿的主题。钱伯斯是第一个强调宝塔在中国建筑中的重要性的人。他发表了广州一座宝塔的详细立面图（图 9）[⑦]，并在位于伦敦附近的邱园建造了欧洲的第一座中国塔。那是一座庄严的十层八角形建筑，底层有一个圆柱门廊。这个门廊不是出自他自己的《设计》一书，而是按照旅游书籍的插图所建，属于真正的中式风格[⑧]。宝塔的每一层都有曲面屋顶，并被"中式"格纹扶栏包围。该建筑的结构非常坚固，至今仍在被人们使用，虽然原有的配色方案到今天只

---

① Le Eouge, *Jardins Anglo-Chinois*, cahs. 14-17.

② Halfpenny, *Rural Architecture*, pl. 55.

③ Edwards and Darly, *A New Book of Chinese Designs*, pl. 59.

④ 这是不正确的；在中国，宝塔的层数都是奇数。

⑤ Decker, *Chinese Architecture*, pl. I. 11.

⑥ Grohmann, *Ideenmagazin*, vol. 4, no. 46, pl. 4. 见 53 页注释①和 63 页注释①。

⑦ Chambers, *Designs*, pl. 5.

⑧ Nieuhof, *Die Gesantschaft*, p. 167："宝塔，辛集镇。"

留下了木材部分上鲜艳的红漆。邱园塔（图 15 和图 16）是欧洲到目前为止对中国建筑最好的模仿之一，在其比例、轮廓和大部分的细节中都可以看到独特的中式风格，包括门廊、曲面屋顶、格纹扶栏和华丽宝顶。然而，钱伯斯在中国建筑上运用的古典主义手法也有不足之处——首先，他忽略了需要由一个丰满的木支架系统来支撑的砖砌屋顶的重量。

在接下来的四十年里，邱园塔一直是所有在欧洲大陆建造或设计的此类建筑的灵感来源。有些塔对其进行了完全复制，就像奥拉宁鲍姆（图 87）和蒙贝利亚尔（图 77）的宝塔，而另外有些则加入了其他的设计和样式，应该对这两类建筑加以区分。奥拉宁鲍姆的钟塔（Glockenturm）是与钱伯斯所建的宝塔塔最相似的复制品，尽管它是 30 多年后建造的。奥拉宁鲍姆的中式建筑要归因于埃尔德曼斯多夫（Erdmannsdorff），他是安哈尔特 - 德绍地区（Anhalt-Dessau）利奥波德·弗里德里希·弗朗茨公爵（Duke Leopold Friedrich Franz）的建筑师，于 1763 年随公爵去了英格兰，这位年轻的德国艺术家受到了钱伯斯的影响[1]。宝塔只有四层，但通过垂直拉伸比例来平衡了这种高度的不足；屋顶不十分突出，且没有门廊。除此之外，它与邱园塔非常相似。它在材料上使用的是红砖，细节上则都有屋檐下的水平脊、走廊和拱形窗户。正如其名字所示，该塔的屋檐上挂着铃铛。

蒙贝利亚尔的那座塔现在已经不存在了，但它也有着类似的样式。它是一座五层的砖砌建筑，比邱园塔和奥拉宁鲍姆的钟楼小一些。它

---

[1]　E. P. Riesenfeld, *Erdmannsdorff. Der Baumeister des Herzogs Leopold Friedrich Franz von Anhalt-Dessau*, 1913, pp. 19 ff.

有一个由八根柱子支撑的门廊，还有带铃铛的曲面屋顶。每层楼只有四扇落地窗，不像奥拉宁鲍姆钟楼那样有八扇落地窗。一个华丽的宝顶使其中式外观趋于完善。

布鲁塞尔附近的斯科南贝格的宝塔在层高、拱形窗户和格纹扶栏的类型上都模仿了邱园塔，但不同的是没有减少上层塔的面积。此外，最高层的走廊尤其宽敞，这改变了整座塔的轮廓。顶层走廊与宝顶以链条相连，宝顶非常精致，但误用了棕榈叶作为装饰。这位建筑师对南京琉璃宝塔的外观可能很熟悉。这两座建筑的屋檐都很窄，没有上面一层的长廊那么显眼，并且铃铛都挂在屋顶的飞檐上。

由卡梅伦（Cameron）规划设计的萨尔斯科耶·塞洛宝塔的灵感来自钱伯斯的版画，但在1779年至1818年的漫长建筑时期中，它经历了一些变化和修改。

位于波茨坦无忧宫园林内的龙宫（图46）是一座四层的八角塔，由贡塔德建于1769年至1770年之间，作为园丁的住所。虽然这座建筑与邱园塔毫无共同之处，但建筑师显然参考了钱伯斯的《设计》一书。他模仿了钱伯斯的插图Ⅴ中的广州塔（图9），直到第四层为止比例和细节都十分相近。第一层面积很大，有着拱形门廊，上面的三层是木结构的，带有开放拱廊和简单的扶栏。塔顶上，一个被串起的圆球取代了宝顶；屋檐四角有巨大的龙形装饰物，他还用彩色的流苏来模仿铃铛，而这些流苏现在已经消失了。绘画作品装饰的细节可以追溯到前面提到的日本屋的怪诞风格；另一个类似的特征是平面图的四个侧面有轻微凸曲线，再次让人想起了贝林精心设计的曲线的日本屋。

在中国艺术风格建筑领域，最雄心勃勃的规划之一是安博瓦兹城（Amboise）附近的尚特卢宝塔（图71）。这座塔于1775年至1778

年由舒瓦瑟尔公爵（Duc de Choiseul）修建，以纪念在他流亡期间前来拜访他的忠实朋友。建筑师勒·加缪（Le Camus）设计了这座塔楼，它位于城堡和花坛的轴线上，人工运河经过它又向更远处延伸，有多条通向园林和遥远树林的小径汇合于此。宝塔周边是一个英中式园林，其中依稀可见旧日的"小屋、磨坊、凉亭、冰室、泉水、小瀑布"。除此之外，宝塔就是尚特卢城堡昔日辉煌所留下的唯一遗迹。园林的设计混合了勒诺特尔和钱伯斯的两种风格，而宝塔一方面在优雅的古典主义细节上显示出路易十六风格的主要特点，一方面精确地保留了钱伯斯《设计》一书中广州塔的比例。第一层的平面图是圆形的，到第二层变成了八边形。这座细长的塔在外立面上是有一定考量的，它尽可能地减少水平线而偏向于垂直线。第一层有十六根柱子围绕，且只有这一层同时建造了屋檐和走廊，其他六层都只有其一。第二层外部有走廊，第三层有几乎不带翘角的屋檐，照这样一直到第七层的金字塔形屋顶，顶上有一个金球。走廊的铁扶栏是唯一的中式细节，上面以复杂的几何设计装饰着精美的花边图案；其他的细节都属于古典风格，比如坚固的多立克圆柱、壁柱、曲线形和螺旋形图案，以及方形窗户上的花环。塔是石制的，没有使用木结构，这又是另一个非中国的特征。时至今日，将这座宝塔与拉鲁日的版画进行比较是很有趣的[1]，在版画中看不到任何古典主义的细节，而且宝塔第一层屋檐的曲线甚至比邱园塔的还要明显。很难判断拉鲁日是按早期设计画了版画，还是根据他对宝塔的想法改变了建筑的草图。

---

[1] Le Rouge, *Jardins Anglo-Chinois*, cah. 7, no. 10.

中国塔（Chinese Tower, 图 88）由约瑟夫·弗雷（Joseph Frey）于 1791 年在慕尼黑的英国花园（Englischer Garten）建造，设计与尚特卢宝塔完全相反。这座塔采用轻型木结构，有五层开放楼层，由许多木柱和梁支撑。设计的重点明显在于水平方向，宽且突出的屋檐体现了这一点。最底层非常宽敞，越往上楼层面积越小，使整个结构呈现出似一棵形态良好的松树般的三角形轮廓，在这方面没有哪一座中国或欧洲的塔做到了这种程度。除了最简单的哈夫彭尼式斜纹格栅和顶部串起的圆球，再没有别的装饰。

在这方面，另外两座宝塔值得提及，它们代表了那种自由地处理所有中国元素的模仿风格，即根据设计者的想法将元素混合在一起，而不管它们是否适合这种类型的建筑。莱尼王爵在设计他花园里被当作玩具的中式建筑时从不遵循任何规则或惯例。他的宝塔位于博杜尔（Baudour, 图 65），是建在方形砖房上的中式观景楼。这是一座两层楼高的开放式亭子，带有弧形屋檐和中式格纹扶栏。亭子本身明显是模仿风格的，但这座观景楼的想法比许多怪诞风格的组合更加怪诞。

1788 年，法国建筑师德普雷（Deprez）计划在卓宁霍姆宫建造一座宝塔。当时宝塔已成为一种时尚，若一组中式建筑里没有宝塔，看起来一定相当不完整。幸运的是，这个计划从来没有被实施，因为它几乎没有保留中国园林建筑的装饰风格。三个楼层在比例和细节上没有一致性。屋檐以最不自然的长而弯曲的角度翘起，这将整个设计带回到早先爱德华兹和达利天马行空的想象。此外，这个设计中还有早已被模仿风格所摈弃的元素，包括不切实际的质量分布和夸张的凸曲线。

对中国的佛寺游客来说，瓶子形状的宝塔很常见，经常在图纸中被复制①，但在欧洲从来没有人模仿过，也没有任何设计师尝试过这种不寻常的形状。因为采用一种与普通建筑相去甚远的样式是非常冒险的。

不管是在欧洲还是中国，各式各样的亭子和桥梁都在模仿式中国艺术风格园林建筑中占了大多数，但这并不意味着两国建筑的形式是相同的，因为在这里，欧洲也有属于自己的独特之路。如果做一个最浅显的比较，中国建筑和中国艺术风格建筑最明显的区别在于屋顶。欧洲建筑师采用了曲面屋顶，他们认为这能确保他们的建筑具有真正的中式外观。但是，由于他们用非常轻的材料建造，并以薄金属片或木板覆盖屋顶，所以无法呈现真正的中国瓦屋顶所传达的沉重、厚重的印象。西方的模仿者从来就不能准确地反映出一种动态的力量，即一排排向地面倾斜的瓦片，瓦片被自身的重量所压制，最后努力向上牵引，试图将屋檐的一角抛向天空。中国的建筑并没有钱伯斯和他的追随者想要展现的那种优雅和轻盈，它是从沉重的泥土中被慢慢堆砌起来的。《论中国建筑》的作者是唯一抓住这一特点的人，但由于它不适用于中国艺术风格的体系，因此它既没有被理解，也没有被采用。

除了在上一章中提到的那些遵循钱伯斯设计的亭子以外，还有一小部分比较少见的例子。它们缺乏创造性的想象，只是无功无过地照搬了优秀的中国样式。尽管没有可以用来证明的文件材料，但这个过程是完全可以被推测出来的。巴黎附近的桑特尼（Santeny）的中式浴场（图75）或贝尔维尔的中式台球馆，都属于这种情况。这两座建筑

---

① *Essai sur l'Architecture Chinoise*; Staunton, *An Authentic Account of an Embassy*, vol. 2, pl. 29.

就像《论中国建筑》中的画作一样，与作为原型的中式建筑相差无几。他们甚至复制了瓦屋顶的脊状结构。桑特尼的公共浴室还有中国寺庙里常见的石头栏杆底层，这在中国艺术风格的建筑里是罕见的。

就像南京琉璃宝塔早在钱伯斯《设计》发布之前就使中国宝塔闻名欧洲一样，许多关于所谓"辛集镇宝塔"[①]的描绘给西方确立了一种标准样式：建立在抬高的平台中心的两层宝塔或亭子，带有环绕底层设立的立柱。尼霍夫最先做出图解[②]，然后由菲舍尔·冯·埃拉赫继续进行说明（图 1）[③]，之后耶利米亚·沃尔夫（Jeremias Wolff）又将其复制到了《中国风格发明》（*Inventions Chinoises*）一书中[④]。这可能是欧维尔的设计[⑤]的原型（图 24），为卡塞尔威廉姆舍赫（Wilhelmshöhe）的宝塔带来了启发。这个样式在吕内维尔和波茨坦的宝塔设计中体现较少，但是采用上窄下宽的屋檐、立柱以及带阶梯的平台或许是受到了许多关于"辛集镇宝塔"的描绘的影响[⑥]。

模仿风格催生了无数的凉亭建筑，这种建筑在尽量模仿中式的同时，小心避免增加自己的艺术表现。设计师只是将他们所认为的真正中国艺术风格形式互相组合，反复使用，格罗曼《创意杂志》中缺乏创见的中式时尚便是一个例子。在这里，设计师并不是利用中国人自

---

① 正确的拼写可能是"Hsin-ho-chien"。（译者注：前文的拼写是 Sinkicien，史料中"辛集镇"的英文有多种拼写。）

② Nieuhof, *Die Gesantschaft*, p. 152.

③ Fischer von Erlach, *Entwurff einer Historischen Architectur*, book 3, pl. 15："美丽的宝塔，位于山东省辛集镇。"

④ J. Wolff, *Invenlions Chinoises*, pl. 2："中国神庙。中国人的庙宇。"

⑤ Over, *Ornamental Architecture*, pl. 37.

⑥ Grohmann, *Ideenmagazin*, vol. 4, no. 48, text to pl. 1. 在这里，格罗曼向建筑师们推荐了辛集镇宝塔。

已提供的诸多可能性，而是将哥特式和摩尔式混杂在一起来产生多样性，例如，对于其形状不同的房间和窗户，钱伯斯描述如下："……许多不同大小、形状各异的房间，如三角形、正方形、六角形、八角形、圆形、椭圆形，以及不规则、异想天开的形状，所有这些房间都优雅地镶嵌着……这些公寓的大门是圆形和多边形的，也有矩形的，窗户……做成扇子、鸟、昆虫、动物、鱼、树叶和花的形状[①]。"中国艺术风格的亭子大多为四角形或八角形，门窗多为矩形。其最奇特的造型也不过是圆形，偶尔会被使用，例如在讷伊（Neuilly，图74）和阿门维尔（图78），以及在沃尔弗[②]的设计中。奥拉宁鲍姆的茶馆椭圆形的开口，从门廊通向水面。

最先设计中国艺术风格亭子的是英国人，但法国人将其转变为了最适合新型园林的样式，即带有曲面屋顶的集中式一层建筑。拉鲁日举例说明了一些典型的例子。在罗曼维尔可以找到开放式八角亭，在两个屋檐之间有格纹扶栏和格纹装饰（图64），柏太德的《旅程》（Traité）一书中也有类似的六柱亭子（图27）[③]。巴黎蒙莫朗西酒店（Hôtel Montmorency）的亭子（图72），同样与柏太德的插图之一相对应（图28）[④]，柱子之间的空间用格栅和玻璃封闭，单层屋顶上有一个沉重的用铃铛和龙装饰的宝伞。朗布依埃（图66）、讷伊（图

---

① Chambers, *A Dissertation on Oriental Gardening*, p. 29.

参见 J. F. Freyherrn zu Racknitz, *Darstellung und Geschichte des Geschmacks der vorzüglichsten Völker in Beziehung auf die innere Auszierung der Zimmer und auf die Baukunst*, 1796, pl. 1, no 11.

② Woelfer, *Sammlung von Auserlesenen und Ausführbaren Architektonischen Garten-Verzierungen*, p. 33.

③ Boitard, *Traité*, pl. 58, no. 1.

④ 同上，pl. 77, no. 3.

74）和巴加特勒的亭子非常相似。而博内勒（Bonnelles）的那座（图67）更小，平面图呈方形，但有圆形的窗户。考虑这种形状在中国用得不多，这个细节应该是在欧洲更受欢迎。在法国和德国，这种类型的亭子不胜枚举，有的还在，有的已经消失。由于当代版画没有将其相似之处记录下来，我们只能通过查阅许多设计书来猜测它们的形式。

稍大些的建筑，虽然不像更早期的那样恢宏和耐久，但却是在模仿风格的支配下建立起来的。它们是扩大版的亭子，而不是缩小版的宫殿。温莎附近的弗吉尼亚湖有两座中式建筑，分别是渔亭和船屋（图56），它们正是属于这种类型。它们精致的装饰让人想起哈夫彭尼的设计，而不是钱伯斯的。同样的道理也适用于赖因斯贝格的雷穆辛塞尔的中式住宅。它的结构体现了钱伯斯的影响，但大量的龙形装饰物又源自怪诞风格。蒙维尔荒漠园（Désert de Monville）的中国屋（图68）在品味上更出色，也更仔细地平衡了装饰元素。至于荷兰巴伦（Baarn）的两幢中式乡村别墅，则在展现纯正中式外观方面略有欠缺，它们是由一位与中国做生意的商人建造的。其中较大的"北京屋"（图89）连曲面屋顶都没有，而另一座菱形装饰的"广州屋"（图90）尽管门上有汉字牌匾，却远远不能传达真实的印象。

位于德绍附近的奥拉宁鲍姆中国茶馆（图85），与当地的宝塔是由同一建筑师在同一时期建造的，特别值得一提的是，它属于最好的古典主义中国艺术风格样式之一，用料非常实在，包括朴素的红砖、木材和瓷砖，具有适应北方气候的简单轮廓，并且在装饰上较为保守。

那些设计师笔下更精细也更夸张的异域风情的亭子，在实际中建造得较少。虽然确实可以举出一些实例，但比起其他大量结构更合理的建筑，它们不过是少数情况罢了。巴加特勒有一个"印度"亭（图

62），由一个方形的格纹装饰中国亭子、圆形窗户以及走廊组成，设置在一个开放式帐篷的顶部。斯特拉斯堡特勒特尔花园（图 83）的中国屋，楼梯从外面连接到第二层的走廊，使整个建筑结构失去平衡。格罗曼也发表了几项设计，建筑的上层较宽，沉重地压在面积极小的底部楼层上（图 32）①。人们的品味随着时间不断变化，唯一一种存留至今并且在花园里可以见到的样式，便是用于遮阳挡雨的简单小亭子，它只需一个曲面屋顶和几根立柱。蒙比茹宫、弗朗孔维尔（Franconville）、纽瓦尔德格庄园（Neu-Waldeck, 图 80）和奥利瓦庄园（Oliva）的几处园林里都有这种亭子。

比起艺术成就，在中国旅行的欧洲人对当地技术杰作的印象要深刻得多。出于这个原因，他们很欣赏高大的宝塔，而万里长城在当时就有了和现在一样的盛名。欧洲人对中国的大型桥梁也称赞不已，并不断对其进行新的描述和描绘②。最有名的大理石桥不能作为园林装饰的主题，于是西方很快就转向研究小型的装饰性桥梁，并开始进行积极的模仿。木材是一种容易获得的材料。在众多的形式中，最受欢迎的是横跨水面的无支撑单拱桥③，栏杆是装饰性的格栅。这种桥梁类型本身并不新鲜，但由于它被认为起源于中国，便成为十八世纪园林中的主流建筑。钱伯斯并不称其为中式桥梁，但他说："它的设计在很大程度上是来自帕拉第奥（Palladio）的木桥④。"欧维尔在此 10

---

① Grohmann, *Ideenmagazin*, vol. 3, no. 26, pl. 3; vol. 5, no. 11, pl. 3.

② Fischer von Erlach, *Entwurff einer Historischen Architectur*, book 3, pls. 13, 14, 15; Schramm, *Historischer Schauplatz*, pp. 246-255.

③ Prince de Ligne, *Coup d'Oeil sur Beloeil*, p. 109："我将永远欣赏英格兰河流上的单拱桥。"

④ Chambers, *Plans, Elevations...of the Gardens and Buildings at Kew in Surry*, p. 6 and pl. 32; in Le Rouge, *Jardins Anglo-Chinois*, cah. 8, no. 15, 它作为"中国桥"出版。

年前便出版了两个几乎相同的设计①，第一个叫"在帕拉第奥阶上"
（in the Paladion Stile），第二个叫"在中式品味中"（in the Chinese
Taste）。无论是汉普顿宫的桥还是温莎附近的桥，都没有研究提到它
们曾受中式风格的影响。两座桥都建造于 1750 年后不久，前者横跨
泰晤士河，有七个拱门，后者在弗吉尼亚湖上，有一个拱门。它们都
采用了最简单的格子栅，那是一种交叉对角线的连续正方形。不久之
后，这种类型的桥越来越被"新"英式和英中式园林所认同②，尽管
那些园林里几乎没有水，但桥梁被认为是不可或缺的。除了通向弗吉
尼亚湖上中国船屋的桥，还有通向博内勒的亭子（图 67）的桥、通向
西里西亚（Silesia）卡尔斯鲁厄中国鸟舍（图 81）的桥，以及连接着
奥拉宁鲍姆茶馆周围的岩石小岛的桥。在荷兰瓦特兰（Waterland）的
花园中，这种简朴的拱形桥被明确地称为中式桥，而阿蒂希（Attichy）
的中国桥（Pont Chinois）则是钱伯斯在帕拉第奥所建桥梁的近似复
制品。

　　另一种简单的桥型在桥的两端各有台阶，通往水面上的一条水平
通道，奥拉宁鲍姆就有这种桥，早先的《论中国建筑》③将其描述为
真正的中式建筑。格罗曼在他的一个设计稿中画出了明确的图示（图

---

① Over, *Ornamental Architecture*, pls. 46, 47.
② 参见 J. W. von, *Der Triumph de Empfindsamkeit*, 1787, p. 58：
　　"还有一个问题，
　　每位领主都以此为傲：
　　那是一座巨大的桥梁，
　　由木材和悬挂的拱门构成。
　　这是我们的全部关注点。
　　毕竟，没有它们，就没有园林，
　　正如我们在每一个铜币上看到的那样。"
③ *Essai sur l'Architecture Chinoise*, pl. 27："花园里的游行桥。"

33)①。钱伯斯在邱园中也建造了一座完全平直、带有中国格纹扶栏的桥梁，通向园中的中国宝塔。这种同样类型格纹，比起桥的结构形式更能体现阿门维尔中国桥（图78）名字的含义。

对于更精致的中式桥梁，钱伯斯同样在他的《设计》中给出了模型（图10）②，不过更早之前，《论中国建筑》里就已经出现了中部带有正方形亭子的桥的简单设计图（图4）③，爱德华兹和达利也提出两种设计，其中一种是用两个亭子以及它们之间的雕像做装饰（图22）④，因华而不实而未被采用。但钱伯斯所描绘的一座广州桥梁使得带水上亭子的中式桥开始流行。如前所述⑤，最接近的复制品在巴加特勒（图63）以及伦敦的一个花园中，除此之外还有许多做了适当改变的例子。格罗曼⑥和贝克⑦发表了以色彩艳丽的木结构作为装饰的桥梁设计，西格尔设计了一座更壮观的桥，桥上有一个高高的凉亭，非常适合作为观景台（图26）⑧使用，而位于巴加特勒的中国桥也带有同样功能的小亭子（图63），带有一个巨大的宝顶。在蒙贝利亚尔，一个长方形的亭子覆盖了整座中国凯旋桥（Chinese Triumphal Bridge）。而在拉克森堡，中式凉亭（图82）只不过是一座桥的中心装饰，考虑到桥下的水域并不大，亭子的规模实际较小。所有这些五花八门的建筑类型都被塞进了人们的花园，以符合《论中国建筑》中

---

① Grohmann, *Ideenmagazin*, vol. 1, no. 2, pl. 3: "三座原始的中国桥梁。"
② Chambers, *Designs*, pl. 7.
③ *Essai sur l'Architecture Chinoise*, pl. 109: "在桥上的中国楼阁。"
④ Edwards and Darly, *A New Book of Chinese Designs*, pls. 48, 56.
⑤ 参见 116 页。
⑥ Grohmann, *Ideenmagazin*, vol. 2, no. 15, pl. 9: "真正的中式桥梁。"
⑦ Becker, *Neue Garten- und Landschafts-Gebäude*, pl. 34（文中错写为33）: "两座中式风格的桥。"
⑧ Stieglitz, *Gemählde von Gärten*, pl. I B: "中国的桥梁。"

所表达的中国园林理念。"他们……用各种桥梁以各种各样的方式切割河流"[1]。对中国石桥的模仿屈指可数，其中一座就在韦斯特花园，在魏玛的庄园也有一座相似桥梁。中国的桥梁有蛇形或"之"字形的，还有伸入莲花池的桥墩，可以供人们悠闲地观赏有花的水面。西方却从来没有人能够理解这种设计并加以复制，只有格罗曼曾在自己的设计中提及这一点（图 33）[2]。虽然模仿者们对中国园林充满热情，甚至会去寻找各种头绪，但由于他们都是些急性子，所以不赞同对桥梁的长度进行不必要的延长，就像他们指责在新花园中修建蜿蜒小径[3]一样。

菲舍尔·冯·埃拉赫[4]和施拉姆（Schramm）[5]特别欣赏中国吊索桥（图 1）。在麦莱维尔（Méréville）和沃利茨（Wörlitz）都有桥梁略微模仿了这种设计；后者被称为"日式的"，但毫无疑问这种桥梁起源于中国。

作为湖边或河边中式亭子的陪衬，同样风格的平底船被认为是必不可少的。早期的中国艺术风格的船的形状已经和欧维尔设计的"龙舟"[6]一起被提及。中国船只的多样性和华丽给早期的游记作者们留下了深刻印象[7]。它们被模仿的方式和亭子一样，其单一的显著特征被采用，例如龙的图案和弯曲的檐篷。但是，欧洲人在其收藏的中国

[1] *Essai sur l'Architecture Chinoise*, pl. 94.

[2] Grohmann, *Ideenmagazin*, vol. 1, no.2, pl. 3: "三座原始的中国桥。"

[3] 翻译自 W. Beyer, *Die Neue Muse oder der Nationalgarten*, 1784, p. 9: "没有充分的理由就设计一条弯曲的道路是荒谬的，它应该出现在爱的圣洁树林中。"另参见 Walpole, "On Modern Gardening", p. 798: "在我看来，笔直的运河起码与蜿蜒的桥梁一样合理。"

[4] Fischer von Erlach, *Entwurff einer Historischen Architectur*, book 3, pl. 15.

[5] Schramm, *Historischer Schauplatz*, pl. 13.

[6] Over, *Ornamental Architecture*, pl. 51.

[7] Kircher, *China Monumentis*, pp. 215-216; Du Halde, *Description Géographique*, vol. 2, p. 162.

船中所偏好的各种造型，并不符合中国人根据实际需要而选择开发的船型。几乎所有在欧洲设计的所谓中国船只都有一个特点，那就是带有奇怪褶皱的帆。究其原因，是西方版画对中国席子帆船的描绘让读者产生了一种误解（图5）[①]，使它们看起来像是有着规则的水平褶皱。但也存在没有帆的船：取而代之的是顶棚或整个船舫，与玩具帆和鲜艳的彩带以各种奇特的方式进行组合，就像杜古尔（图29）、格罗曼（图32）[②]和西格尔[③]设计的那样。克拉夫特在讷伊园林设计了一个带有开放式船舫的中国船，卢森堡（图82）有一条龙舟，船篷很轻。十八世纪晚期是个多愁善感的时代，这个时代是如此热爱水，以至于人们甚至为那些几乎一大步就能渡过的小溪准备了船只。

把稀有美丽的鸟儿关在华丽的笼子里一直是权贵们最喜爱的消遣。钱伯斯在他关于东方园林的书中讲述了中国皇家园林里的游乐场所，每个游乐场所都有自己的鸟舍。十八世纪后期的民主使这种特权扩大到富裕的资产阶级。用奇异的方式为珍奇的鸟类建造鸟笼是很自然的——尽管在许多小庄园里，鸟笼可能比它的居民更珍贵。格罗曼发表了一些中式鸟舍和鸽舍的设计（图34），它们有镀金的笼体和华丽的曲面屋顶[④]。在阿蒂奇和伊西（Issy）都有贝蒂尼设计的中式鸽舍。在西里西亚的卡尔斯鲁厄也有一个鸟舍（图81），蒙贝利亚尔则有中式风格的鸟舍和天鹅屋。

---

① 参见 Staunton, *An Authentic Account of an Embassy*, vol. 2, pl. 29:"北京皇宫园林中的景色。"

② Grohmann, *Ideenmagazin*, vol. 1, no. 4, pl. 2:"中国游船。"同上，vol. 3, no. 26, pl. 3:"一艘有中国楼阁的游船。"

③ Stieglitz, *Gemählde von Gärten*, pl. VIII.

④ Grohmann, *Ideenmagazin*, vol.2, no. 19, pl. 8:"中国特色的鸽舍。"同上，vol. 2, no. 2 1, pl. 9:"鸟舍……有中国特色。"同上，vol. 2, no. 22, pl. 5:"中国风格的鸟笼。"同上，vol. 5, no. 11, pl. 4.

外来的植物和奇异的鸟类都应该生活在与其相称的环境里。在斯科南贝格的宝塔脚下有一间中式风格的柑橘暖房，在蒙维尔荒漠园也有一间。至于沃本修道院的中式奶牛场（图57），就没有什么理由来解释那里奇怪的装饰了。它就像巴黎时髦的中式浴场（Bains Chinois，图75）一样荒谬可笑地在楼顶建了一座高大的中式亭子。格罗曼的设计作品种类繁多，包括浴场、保龄球馆和射击场①。所有这些作品都倾向于向公众展示建筑的模仿风格所取得的成就。被人们当作游戏场地的花园经常用到中国装饰，这要么是为了营造异国情调的环境，要么是为了表明这仅仅是个游戏而已。为体现其中国特色，蒙索、特里亚农和蒙贝利亚尔的各种各样的旋转木马不仅使用大阳伞，而且还使用了各种有趣的细节，如龙、人像和铃铛。在这里，只要能使花园里的玩具拥有华丽的外表，那些样式是否是真正的中式风格就不那么重要了。贝蒂尼（Bettini）设计了中国秋千（图61），格罗曼在巴黎的中国风宴会厅建造了"健康之马"（healthy horse，图36），很难找到这两座建筑使用这种异国情调的装饰的理由。人们无法理解为什么要有一些中式人像来拉住秋千，或是将人造马上方华丽带条纹的顶棚设计成中式曲面，除非他们把这些细节当作对怪诞风格的怀旧，并且认为中式风格一般就是这样丰富多彩、不同寻常的——并且不需要去认真对待。

---

① Grohmann, *Ideenmagazin*, vol. 3, no. 33, pl. 3: "有中国特色的浴场。"同上，vol. 3，no. 33，pl.2: "有中国特色的圆盘和鸟舍的创意。" Grohmann, *Kleines Ideenmagazin*, no. 10, pl. 6g: "有中国特色的保龄球馆。"

一个"中国式"的花园，可以有一座亭子、一座桥、一条船，几条中国式的长凳[1]，此外还需要一扇大门，以适当的方式让进入花园的游客为欣赏所有这些美妙的景色做好准备。中国的大门以其最精致的形式——牌楼——而闻名遐迩，但是这对园林来说过于宏伟，所以无法被模仿。菲舍尔·冯·埃拉赫[2]和杜赫德[3]对中国纪念门和凯旋门提出过一些不成熟的想法，之后格罗曼[4]和杜古里又做了些敷衍的尝试（图 29），用一些木材去复制那些巨大而精心雕刻的木头和石头结构，这些木石结构在耶稣会水彩画的特别卷中有说明[5]。钱伯斯的做法更简单，他出版的书中有广州[6]一座花园的大门，窄小的曲面屋顶下是三个入口。蒙维尔荒漠园通往中国花园的大门对这幅版画进行了非常相近的复制，唯一的区别是只有一个入口。赖因斯贝格的英国花园有一扇写着仿冒汉字的大门。

在继续讨论模仿风格所使用的细节之前，应该强调一点，这一点对于中国艺术风格建筑的设计师来说已经变得非常重要，即异国情调建筑的情况及其与花园的关系。仅仅复制中国的建筑并把它放在花园里的各处是不够的。对于东方人如何排布他们的建筑以及选择什么样的环境，西方设计师有着非常墨守成规的想法。钱伯斯在他《关于东方园艺的论文》（*Dissertation on Oriental Gardening*）中发表的论述

---

[1] 哈夫彭尼为中国园林的长椅做了几个设计。参见 Halfpenny, *Rural Architecture*, pls. 7, 8, 15, 16, 17, 38.
[2] Fischer von Erlach, *Entwurff einer Historischen Architectur*, book 3, pl. 15.
[3] Du Halde, *Description Géographique*, p. 30.
[4] Grohmann, *Ideenmagazin*, vol. 1, no.5, pl. 1："花园入口。"
[5] *Arcs de Triomphe Chinois*. 见 27 页。
[6] Chambers, *Designs*, pl. 11, fig. 2.

是这些想法的开端，他描绘了令人感到愉悦、可怕或惊讶的场景和建筑，这些建筑"适应了不同的精神或感官享受目的"①。在同一本书中，他强调了花园建筑在给人带来愉悦方面的重要性。当然，宝塔在满足这一要求方面没有什么困难。它高耸于树木和灌木丛之上，是一条笔直道路的终点，就像在尚特卢，那里的每一条小径都通向宝塔。在奥拉宁鲍姆，建筑达成了一种惊人的效果（图 87），从城堡中向外远望，可以看到钟楼高耸在狭窄的水面之上。当然，这些宝塔的作用不仅仅是让人从远处欣赏，它们还可以作为观景台，让主人骄傲地带客人在塔顶遍览他的土地。如果把一个朴素的亭子建在小山上，也可以达到同样的目的。在中国，亭台楼阁的例子很多，比如北京景山（Coal Hill）上的亭子就很有名，欧洲各地都有仿造品。庞瑟龙在他的英中式园林计划中，总是把他的建筑放在地势最高的位置。建于 1800 年的中国屋位于图林根州（Thüringia）的阿尔滕施泰因，可以从一座岩石小山的高处俯瞰风景。

岩石总是比平坦的山丘更具浪漫魅力。就算在中国没有许多人造岩石的例子，欧洲人可能也会试图将他们土地的高处塑造成一个更显眼的外形，而不仅仅是把泥土堆积起来。早在 1721 年，当菲舍尔·冯·埃拉赫发表其作品时②，就从中国得到了许多想法，比如中国器具上画着的坐落于陡峭山崖上的小亭子（图 1）。《论中国建筑》在描述"岩石上的小屋"（Cabinet sur un amas de rouchers）时写道："中国人善于模仿成堆的粗犷岩石……他们将岩石带入园林，是为了在那里汇集

---

① Chambers, *Dissertation on Oriental Gardening*, p. 19.
② Fischer von Erlach, *Entwurff einer Historischen Architectur*, book 3, pl. 15.

完整的自然景观。他们用岩石在园林里制作石窟、洞穴、崎岖的山脉、海岸、沙漠等。当一个人到达山顶时，他会发现那里的亭子可以看到花圃、小树林和运河……"①对于在小型岩石上建造的开放式小亭子（图31），格罗曼给出了他自己的解释："中式小建筑……它的一边靠在两根高跷上，另一边靠在岩石峭壁上……这个位置给了它非凡的视角。鉴于中国人口之多，他们必须利用每一寸土地。"②

中国人喜欢收集形状奇特可爱的石头装饰花园，而欧洲人从来没有理解或分享过这种习惯。基督会水彩画有一整卷都是关于这种艺术的，却没有引起人们的兴趣，但西方人的想法就是对任何可能产生不同寻常效果的技术把戏持开放态度。欧维尔设计了"中式拱门"（图25）③，由不规则的岩石组成，小特里亚农的桥梁则遵循自然主义，让石头以不太整齐的方式堆叠。巴加特勒、博内勒（图67）和讷伊等地的亭子都建在一堆堆人造岩石上，通常带有洞穴或小瀑布，增添了宏伟建筑所缺乏的浪漫情调。最奇怪的样本被记录在德·克罗伊特（De Cloet）的《荷兰城堡古迹》（*Châteaux et Monumens des Pays-Bas*）（图79）中④。它被称为："鲁尔蒙德（Ruremonde）附近的德鲁伊迪克（Druidique）祭坛"。此处古老的断壁残垣肯定是罗马的，而不是"德鲁伊"（Druid）的，但这并不重要，只要它能为中式亭子提供一个完美的基底，使观光者愿意爬上陡峭的台阶来到这个观景台就够了。

---

① 翻译自 *Essai sur l'Architecture Chinoise*, pl. 94.
② 翻译自 Grohmann, *Ideenmagazin*, vol. 3, no. 31, pl. 3.
③ Over, *Ornamental Architeture*, pl. 18.
④ J. J. De Cloet, *Châteaux et Monumens des Pays-Bas*, 1826, vol, 1, cabinet: "Des. Par A. F. Van Afferden."

中国园林和英中式园林对水的偏爱已经被阐明，难怪有许多建筑特别注意要装饰这种自然美的表现形式。由格罗曼和西格尔设计的船屋和渔亭[1]，建造在弗吉尼亚湖（图 56）和赖因斯贝格（图 48）。拉德诺勋爵在特威克纳姆有一座亭子（图 54），可以俯瞰泰晤士河；沃本修道院的（图 57）奶牛场有台阶直接通向池塘；在朗布依埃（图 66）和蒙维尔荒漠园（图 68）的亭子附近有一条小溪，也可以说是湖泊。一片水域包围了尚特卢的宝塔，小船可以系在奥拉宁鲍姆茶馆的脚下（图 85）。在拉内拉赫（图 53）、阿兰胡埃斯（图 91）、萨尔斯科耶·塞洛和格伦塞，清澈的水面倒映出中式亭子的奇异轮廓。在水边建造这些亭子，或让这些亭子有一半悬空在水上，这种做法的意图与将亭子建在小岛上并以偏好的元素将其包围，就像杜古里在他设计的"游戏厅"（图 29）中所做的那样，模仿了中国本土的常规方式。在博内勒，中式亭子是建在岩石上的，水在其周围和岩石下流动（图 67）。讷伊岛的亭子（图 74）、邱园动物园的亭子、卡尔斯鲁厄的鸟舍（图 81）和奥尔顿塔的塔泉（图 58）都是建造在小岛上。

但是，在一个有顶的亭子里，水并不是唯一能令人愉快的有趣景观；一条热闹的小路也能提供娱乐。庞瑟龙设计了一个半古典的中式亭子，将其作为一个俯瞰花园墙的开放式大厅。而贝克特的避暑别墅（中国屋）（图 51）位于这个位置，可以遍览通往伦敦的道路。最具特色的例子是蒙莫朗西公爵（Duc de Montmorency）建造的（图 72）在他的巴黎私人花园墙头上的亭子，在那里可以看到蒙马特大道（Boulevard Montmarte）并自由地欣赏街道上的风景。讷伊的一个中式亭子也建

---

[1]　Stieglitz, *Gemählde von Gärten*, pl. II E.

在通往布洛涅（Boulogne）的路上，而通往芒斯特（Münster）的道路可以从施泰因福特园的中式亭子看到。

出于同样的原因，鸟舍经常以中国风格建造，一些早期的中国艺术风格建筑被放置在动物园中，如布鲁尔堡、莫里茨堡和邱园。在后来的几十年里，模仿风格不再费心去清楚地解释建造那些奇异建筑的缘由。

说到装饰性的细节，我们必须记住上一章所讲的那些起源于异国风格和怪诞风格并被模仿风格所取代的装饰。在这些装饰品中，铃铛和龙是最受欢迎的，此外还有一些更简单的东西，大多数是钱伯斯引进来的。

奇怪的是，设计师很少用到中国建筑里的各种不同类型的屋顶。事实上，曲面屋顶曾经作为远东建筑的主要特征被采用，但人们没有对其诸多的变化或可能性进行进一步的探索。西方对于屋顶的形状有自己的想法，他们满足于仅仅增加一条曲线，或者引入一个双层屋顶，便再没有别的设计了。对中国建筑特性的漠视，使得欧洲建筑师对巧妙地呈现出理想曲面的中国屋顶建筑的优势视而不见。在描述中国建筑过程的《论中国建筑》一书中没有提到这一点。哈夫彭尼详细地指导工人们建造中国屋顶，但是他们对原本的技术[1]一无所知。钱伯斯最先绘制了屋顶的准确截面图（图 12）[2]，但人们没能正确理解它。我们发现巴加特勒的一个印度亭（图 62）与格罗曼的一个设计（图 35）[3]有着相同的横梁和椽子布置，但那只是填充山墙空间的装饰品，实际上这两处建筑仍是用纯粹的欧洲方式建造的。

---

① Halfpenny, *Rural Architecture*, pls. 61-64.
② Chambers, *Designs*, pl. 9.
③ Grohmann, *Ideenmagazin*, vol. 2, no. 23, pl. 7: "中国风格的游乐设施。"

屋顶顶部的建造略有革新。钱伯斯在邱园塔上加了一个宝顶（图15），这种形式起源于印度的佛塔，几乎可以在每座中国宝塔上看到。从南京琉璃宝塔的第一张绘画传到欧洲开始，欧洲就有了这样的设计。它由一个由金属环环绕的长钉组成，金属环被固定在从屋顶到飞檐的链条上。特威克纳姆的亭子（图54）试图用竖直长钉上的几根横木来代表一座宝顶。我们在巴加特勒的桥（图63）上，奥拉宁鲍姆（图87）、蒙贝利亚尔（图77）和斯科南贝格的宝塔中，以及前几章中提到的许多亭子中找到了完美的样式。圆锥形或金字塔形屋顶的另一个明显特征是球体，通常有竖槽并被长针或长钉串起。这种形式来源于中国，并被波茨坦（图46）、尚特卢（图71）和慕尼黑（图88）的宝塔所复制。在中国，几乎每个亭子的顶上都是一个普通的小球，但这并不能满足西方人的想象，他们总是希望亭子的屋顶有一个装饰精美的尖顶。庞瑟龙这样设计过一次[①]，但是尖顶的尺寸太大了，以至于整个屋顶都不成比例。此外还有传统的植物型屋顶，钱伯斯在他的广州寺庙草图（图7和图8）[②]中记录了这一点。在欧洲，它们与因古典风格而复兴的古代叶形装饰混合在一起。这种装饰经常被欧维尔（图23和24）和其他怪诞风格的设计师所使用，怪诞风格通常倾向于把每一种建筑形式变成某种生长的、有生命的东西。另一方面，在格罗曼的书中，三个普通的、交错的环通常被用作亭子的顶尖。

中国寺庙屋顶的彩色塑料陶上装饰在西方找不到仿制品。钱伯斯为屋顶的脊线引入了一种简单的形式，即在两端形成四个卷角的直杆，

---

① Panseron, *Six Cahiers des Jardins Anglo-Chinois*, pl. 3.

② Chambers, *Designs*, pl. 4.

呈曲折形状（图7）。奥拉宁鲍姆的茶馆（图85）、沃本修道院的奶牛场（图57）、蒙贝利亚尔的桥和其他一些建筑都遵照了这种形式。在格罗曼的杂志中，这种设计也被频繁使用。

钱伯斯同样使用了方块式柱头，这是中国建筑特有的缓和垂直支柱和水平重型屋顶间生硬接触的方式，支柱用一个或几个支架来承载重量。中国发展了精雕细琢、多种色彩的式样。而欧洲只采用了最简单、最基本的形式。这些样式最初是由欧维尔[①]使用的，后来是奥拉宁鲍姆的茶馆、皮尔尼茨的亭子和蒙维尔荒漠园的中式住宅。克罗伊王子在他的隐士住宅设计中使用了更丰富的式样（图73）。对中国建筑上众多托架的误用导致了博杜尔的塔上毫无意义的奇形怪状的木材装饰（图65），而在格罗曼发表的一些设计中，它们被转变成了装饰性的格栅。

由于模仿风格倾向于没有墙壁设计的轻木结构，因此对中国格栅工艺有很大的需求。哈夫彭尼（图19）、爱德华兹和达利（图22），以及德克尔（图17和18）发表了许多关于面板、栅栏、栏杆以及各种园林建筑的设计。虽然这些设计早在十八世纪中叶就公开发表了，但在模仿风格盛行之前，它们并不受欢迎。中国艺术风格的格纹有时相当复杂，但通常可以归类为两种基本类型，即对角线或矩形，这些都可以追溯到原属于中国的形式[②]，但在更复杂的设计中，中国人表现出更多的想象力和自由。模仿风格不敢冒险离开给定的模型，或是把不同的角度和曲线结合起来。这些简单的几何形状一开始是由

---

① Over, *Ornamental Architecture*, pl. 21.
② 例如《北京商店》。见25页。

哈夫彭尼发表的，一般只有 90 度或 45 度的角度，而洛可可风格本质上是活泼鲜艳的，力求在每个线圈和曲线中表达生命和运动，因此自然不会被古典主义所崇拜的完美平衡的形式所吸引。当古典主义者终于发现中国格栅的魅力和可能性时，他们已经失去了对生命的感觉，也不知道这种感觉甚至是可以用传统的形式来表达的，否则他们就会在中式图案中发现被隐藏起来的另一种生命——非常像形成体晶的力量——显然与几何有关。

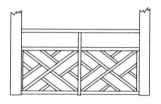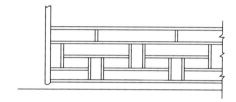

　　中国建筑在欧洲的发展离不开钱伯斯的努力。但他欣赏中国艺术的能力，即他能够在其中看到希腊艺术般的完美，这也使他成为最终推翻中国艺术风格的力量之一。他对中国装饰品的选择包含了对经典的怀旧，比如回形波纹饰、叶形样式、花瓶、朴素的柱子。正在盛行的古典主义偏好这些细节，并不断强调它们，以至于原本器物上的汉字所剩无几。尚特卢的宝塔（图 70）就是体现这种趋势的一个很好的例子，它最终使古典主义走向完全的胜利。

　　在整个中国艺术风格的历史中，十八世纪欧洲人称之为"中式"的那种建筑实际上属于五花八门的风格。那些异国风格和怪诞风格的园林建筑的设计者对远东的建筑毫不在意，他们的作品通常只在名字上与中国建筑相同罢了。此类建筑的细节具有异国情调，甚至有部分中国特色，比如曲面屋顶，但往往不遵循中国建筑的形式。它们是装饰艺术的放大版，来源于瓷器和漆器。另一方面，模仿风格的设计师，首先受钱伯斯影响，试图尽可能接近地复制中国建筑，但他们从来没有系统地学习相关知识和理念。他们乐此不疲地尝试新的亭子形状，但这么多中国艺术风格的设计互相影响，逐渐偏离了方向，直到产生辨认不出原貌的扭曲结果。真正的细节被忽略了，尽管那些建筑整体上看起来比早期更"中式"。这种风格在十八世纪末已经不那么活跃了，并且在融合细节和创造新变化方面越来越力不从心，尤其是在受到古典主义的压力下个性开始减弱之后。个人所创造艺术品的价值完全来自异国和怪诞风格，也就是，那些迎合洛可可风格的设计。后期的创作缺乏鲜明的个性，唯一值得称道的是它们的样式——中式建筑的样式。尽管存在种种扭曲，但中式建筑在比例和曲线上仍有自己的价值和魅力。

结　论

一种风格，如果并非诞生于一个有创造力的群体的内在力量，而是被时尚所选择，并从一个遥远的国家移植而来，那么，在这片陌生的土地上，它便需要通过宣传来吸引人们的注意和获取人们的青睐。另一方面，在它成功引起公众兴趣之时，就得准备好接受猛烈的批评，因为有些人憎恶外来文化对本国的影响。十八世纪有许多文章论述了中国园林及其建筑的利弊，它的魅力吸引了那些寻求变化和乐趣的人。这种对乐趣的欲望是如此普遍，它帮助中式风格轻松取胜。"我们用来娱乐自己的不是别的，而是幻想，大自然会随着气候改变，但我们所做的，是试图通过虚幻的手段将气候也一同改变。"①德国理论家格罗曼不敢公开表露这种轻率的态度，为了掩饰，他用一种关于美的理论来解释风格的混合："艺术和美不受气候的影响，也不受气候的支配。因此，艺术家们可以在园林里不断组合来自最遥远异域的各种物件，事实上，这种组合，就像人们所说的那样，不考虑任何自然的

----

① 翻译自 Carmontelle, *Jardin de Monceau, près de Puris, Appartenant à son Altesse Serenissime Monseigneur le Duc de Chartres*, 1779, chap. 1.

限制……是一种装饰，因为在这之中可以看到最自由、最恰当的美的发挥。"①发表了这个声明后，他进一步提出对简洁的要求，反对一切怪异或娱乐性的设计："因此，很明显，在这些建筑和物品中，所有与绝对之美相悖的风格都必须靠边站。一个有着中式房屋和宝塔的园林里，怎么能加入那些异国的、奇特的东西呢？"②不过与此同时，格罗曼许多出版物中的中式建筑都明显带有模仿风格，他对此给出解释："如果只是对某种特定的品味进行单纯模仿，那么这种模仿的产物并没有审美上的好坏之分。"③赫斯菲尔德说："寻找根本原因是徒劳的，因为模仿本就与其无关，而且，也从来没有鉴赏家对我们园林里的中式建筑提出建议。它确实与希腊风格那种真实而高贵的质朴相去甚远④；它缺乏形式的美和尊严，相反，它被一大堆小而无意义的装饰品所淹没，有时这会变得令人厌恶。人们在花园里看到的这类建筑，其中有不少仅仅是想象的产物，并不是按照真正的原型设计的。去接受一个截然不同的远方民族的建筑作品，对我们有什么乐趣可言呢？这个民族的性格、品味和生活方式都无法为我们提供有价值的参考，几个世纪以来，我们只是想象着他们的美丽艺术。人们将中国建筑引入新式园林，仅仅是出于一种对异国情调和稀有事物的盲目热爱，而那些关于时尚的偏见将它保留了下来……如果一座宝塔、一座桥、一艘船使我们仿佛身处亚洲国度，而环顾四周的景色，树木和空气里

---

① 翻译自 J. C. A. Grohmann, *Neue Theorie der schönen Gartenkunst*, 1797, vol. I, p. 145.
② 翻译自 Grohmann, *Neue Theorie*, vol. 1, p. 177.
③ 翻译自 Grohmann, *Ideenmagazin*, vol. 1, no. 2, pl. 3.
④ 钱伯斯在他的《设计》序言中恰恰以相反的说法来证明他对中国建筑的欣赏。他说："但是中国建筑还有一个更大的优势，那就是古今建筑之间有着明显的相似之处……"

的味道又让我们发现自己仍站在德国的土地上，那是多么令人困惑的情绪啊。"①这就是他的理念，但在一个男爵或王子的园林里②，中国式的庞然大物受到与希腊神庙同等的推崇，他愉快地记录了他参观的每一个满是中式建筑和其他各种建筑的园林："……即使眼睛被骗了，它也会愉快地去端详欺骗它的地方。"③

只有莱尼王爵一个人公开、明确地表达了他对这些中国玩具的喜爱："所以那些较真的人想把事情看得太严肃……与德里尔神父所设计的优美线条相比，在花园里展现地球四季就显得很荒谬。我乘着带顶棚的大船，与船上的伙伴一起前往我独一无二的中式小岛。我在那里无拘无束，可以看到美丽的朱红色扶栏、我的小桥，还有三根顶着金苹果的柱子……这里比任何地方都更丰富多彩。一个人不会想要以真理的表象来掩饰给他带来愉悦的幻觉。"④14年后，他也失去了这种开朗、公正的态度："中国的房子闻起来像林荫大道，看起来像市集上的表演。"⑤他似乎证明了沃波尔的警告是正确的："最美丽的景色常常是孤独的、疲惫的，且只能孤芳自赏。多立克柱式的门廊，帕拉第奥风格的桥，哥特式的残垣，令宾客惊叹的中国宝塔，主人很快就会看腻这些景色，对它们失去兴趣。"⑥因此，在十九世纪初期，中国的建筑式样不得不为人们喜欢的新式样让出空间："然而，我必

---

① 翻译自 Hirschfeld, *Theorie*, vol. 3, pp. 82-83.
② 同上，vol. 3, p. 157; vol. 4, p. 208; vol. 5, p. 200.
③ 翻译自 Hirschfeld, *Theorie*, vol. 5, p. 230. 参见同上，vol. 5, pp. 204-231："克维曾：距离汉诺威几小时车程。"
④ 翻译自 Prince de Ligne, *Coup d'Oeil sur Beloeil*, pp. 257-258.
⑤ 同上，p. 273.
⑥ Walpole, "Essay on Modern Gardening," p. 238.

须告诫园林艺术的初学者，不要学那些奇怪的、没有形状的、乏味的中国建筑。为了多样化，阿拉伯和印度的建筑风格可能更值得使用。"[1]

回顾一个世纪以来的园林建筑，人们在进行评判时往往不会像1753 年的讽刺作家那样严厉："总而言之，如果一个人希望以最有效的方式暴露自己，有人会建议他建造一座别墅，那是极其鲁莽的现代杰作（chef-d'oeuvre），是愚蠢之人向世界展示自己的最显著的舞台。"[2]对我们来说，十八世纪的园林建筑有着千变万化的形式，其魅力来自一代代投身于建筑游戏的玩家们——他们乐于将理想化为现实，而并不去理会那些自以为是之人关于所谓好品味的规劝。莱尼王爵具有鉴赏的能力，也是一个会对别人园林中的愚蠢设计发表尖锐批评的人。但是，当他身处于自己那些稀奇古怪、五彩缤纷的庙宇、桥梁、船只和中国人像之间时，却感到一种圆满的幸福——革命结束后，他流亡国外，对这种逝去的旧日生活怀有伤感的留恋：

"向那二十个小池塘告别，

　中式小岛上的袅袅轻烟，

　当我思考孔夫子的哲学时，

　只有忧郁苦涩涌上心间。"[3]

[1]　Von Sckell, *Beiträge zur Bildenden Gartenkunst*, p. 21.
[2]　Coventry, "Strictures on the Absurd Novelties Introduced in Gardening", p. 90.
[3]　Charles Joseph, Prince de Lingne, "Mes Adicux," *Mélanges Militaires, Littéraires et Sentimentaires*, 1807, vol. 29, p. 220.

附　录

附 录
本书所提到建筑的列表

阿尔滕施泰因（**ALTENSTEIN**），位于德国克瑞斯萨尔曾根地区（Kreis Salzungen）的萨克森 - 迈宁根（Sachsen-Meiningen）。

中国屋：这座建筑的平面呈正方形，有单层弯曲屋顶，门窗呈凹面曲线，屋顶上装有彩色玻璃钟。主体为木构建筑，以石板瓦做屋顶。中国屋所在的园林由乔治一世公爵（Duke George Ⅰ）于 1798 到 1803 年间设计；中国屋建于 1800 年。

这座建筑物如今尚存。

H. Jäger, *Gartenkunst und Gärten Sonst und Jetzt...*, 1888, p. 331. P. Lehfeldt and G. Vass, *Bau- und Kunstdenkmäler Thüringens*, 1910, vol. 35, pp. 31-40, fig, p. 39.

奥尔顿塔（**ALTON TOWERS**），位于英国英格兰地区的斯塔福德郡（Staffordshire），是一座山谷花园。

宝塔喷泉：是一座三层楼高的建筑，屋顶为八角形，弯曲而宽大。它矗立在一个池塘中。屋顶上挂着铃铛，设有宝顶。墙壁上有铁制的花格，其图案不能明显地体现出中国特色。水从最高的屋顶上往下流。

中国寺庙，更准确地说，应该称为哥特塔（Gothic Tower）：三层塔楼的层高逐层递减，有拱廊，窗上部的窗花格为哥特式风格。

奥尔顿塔花园是什鲁斯伯里和塔尔伯特伯爵（Earl of Shrewsbury and Talbot）宅邸的所在地，始建于 1814 年。以上两座建筑物都是 1814 年后不久开始建造的，但是宝塔喷泉直到 1827 年后才修建完工。

宝塔喷泉和中国寺庙这两座塔如今都尚存。

J. C. Loudon, *Encyclopedia of Cottage, Farm and Village Architecture and Furniture*, 1842, fig. 1429: 山谷北侧全景，展现了宝塔喷泉的样貌，由亚伯拉罕（Abraham）绘于一八二七年六月。图上的建筑有七层高，带有夸张的中式屋檐。

同上，图1431: 宝塔喷泉的全貌，由布兰得格利（Fradgley）绘制。这是一座摩尔式建筑，五层高，没有屋顶，与现在的结构很不同。

同上，第787和788页。劳登（Loudon）的描述摘要发表于：*General Results of a Gardening Tour*..., by the Conductor, in Gardeners's Magazine, conducted by J. C. Loudon, Aug, 1831, vol 7, pp. 390-395.

复制品：*Gardens Old and Now*, 1900, vol 1, pp. 212-215; V. J. Kurbatov, *Sady i Parki*, 1916, p. 736.

阿兰胡埃斯（ARANJUEZ），位于西班牙，是马德里附近的一座皇家宫殿。

中国亭: 这座建筑的亭檐为八角形，有两层，呈弧形，带挂钟，有球形雕刻物作为顶尖。花格图案和栏杆图样受到哥特式风格和摩尔风格的影响。为木质结构，亭子漆成白色，部分镀金。

这座建筑物尚存。

P. Madoz, *Diccionario Geogrâfico, Estadistico Histórico de España*, 1845-50, vol. 2, p. 438.

阿门维尔（ARMENVILLIERS），位于法国，邻近巴黎，是隶属于彭蒂耶夫公爵（Duc du Penthièvre）领地的庄园。

中国亭一号: 这座建筑的平面呈正方形，两层，亭顶呈弧形。立有圆柱的门廊环绕着亭子的第一层，带有花格图案的过道环绕着第二层。两层亭顶都有挂钟，第二层亭顶的檐角有龙形雕刻物。屋顶尽头是平坦的屋脊和弯曲的檐角。

中国亭二号: 这座建筑的楼层平面呈六角形，有两个弧形亭顶。六根亭柱支撑起了第一层亭顶，窗格以灯笼式结构支撑起了第二层亭顶，亭尖有球形和长尖角雕刻物。入口侧的格栅结构为圆孔花纹。

中国桥: 为平面桥，两侧的栏杆各由五根桥柱和两种花格图案组成。

建筑师: 让-奥古斯丁·雷纳德（Jean-Augustin Renard, 1744—1807），王室建筑的督察。这些建筑物现已不复存在。

版画: J. G. Krafft, *Maisons de Campagne*..., 1876, pl. 95.

H. Cordier, *La Chine en France au XVIIIᵉ Siècle*, 1910, pp. 66-67.

阿蒂希（ATTICHY），位于法国，邻近贡比涅（Compiègne），是隶属于特雷穆耶公爵夫人（Duchesse de la Tremouille）领地的庄园。

中国桥：一座花格图案简单的拱桥。

版画：G. L. Le Rouge, *Jardins Anglo-Chinois*, cah. 12, 1784, no. 20："阿蒂希的中国桥。特雷穆耶公爵夫人。"

M. Fouquier, *De l'Art des Jardins du XVe au XXe Siècle*, 1911, p. 94.

鸽舍：由建筑师弗朗索瓦·贝蒂尼（Francois Bettini）设计的鸽舍。这座建筑为六角形的三层塔，建在低矮的假山上。鸽舍的栏杆不是中式的，但装点有花瓶和中式灯笼。建筑一层设有圆形开口，屋顶上装饰着铃铛，雕刻有鸵鸟蛋和龙的纹样，并设有宝顶。

Le Rouge, *Jardins Anglo-Chinois*, cah. 11, no. 17："贝蒂尼在阿蒂希为特雷穆耶公爵夫人设计的鸽舍。"这座庄园及其建筑都在法国大革命中被毁。

H. Cordier, *La Chine en France au XVIIIe Siècle*, pp. 76, 77.

巴伦（BAARN），位于荷兰，邻近希尔弗瑟姆（Hilversum）。

北京屋：这座建筑的平面图呈长方形，楼高两层，屋顶平直，上面有网格状的连廊。顶层屋顶的顶尖有两个球状雕刻，刻有小锥形帽的图案，屋顶上还有两座狮子脊兽和宝伞。第一层楼在较宽的一面有七扇落地窗。

广州屋：这座建筑的平面图呈长方形，单层高，屋顶呈弧形，由圆柱支撑。突出的入口区域有一个单独的弧状屋顶。屋脊上装饰着格栅，屋檐两侧有两座四方形的小塔楼，小塔楼的屋顶是弧形的，带有挂钟。颜色包含红色、紫色和白色。

北京屋和广州屋这两座建筑都是商人舍伦伯格（Scherrenberg）建造的，他造访过好几次中国，这些建筑的建造材料都是从中国运过去的。当北京屋被拆除时，人们发现了一块上面写着"1790 年"的木板，这可能是北京屋被建造的年份。

北京屋在 1890 年被拆毁，只有屋顶上的狮子木刻被保存下来；这些狮子木刻现在在巴伦的赞德沃特区的一条街上。广州屋在 1910 年被拆毁。

版画：Eemlandsch Tempe, 1803, pl. 69. 彼得·德·诺夫维尔（Pieter de Neufville）之后的版画。阿默斯福特（Amersfoort）博物馆现保存着：一幅描绘北京的水墨画；一幅描绘北京的石版画，"建筑工程。乡村别墅景观"。一幅广州屋平版印刷画，以及广州屋的几张风景明信片。

J. A. de Rijk, *Wandelingen door Gooi-en Eemland en omstreken*, 1905, pp. 163 ff.

Article by Croockewit *in* Fléhite, 1910, p. 43.

巴加特勒（BAGATELLE），位于法国巴黎的布洛涅森林（Bois de Boulogne）。

中国桥：带有大拱券，格子栏杆的两端雕刻有装饰瓶。在桥中间有一个四方形的花格结构的亭子，单层屋顶，屋顶有龙形雕刻，两边有圆孔。顶尖装饰有高耸的宝顶，饰有铃铛。

印度亭，或称中国亭： 为正方形的两层建筑。第一层为一个开放式的棚屋，挂有条纹状的纱幔。第二层四面设带有格状栏杆的廊道，连廊的四边角上有花瓶。墙是有圆孔的格状结构，房顶呈弧形，屋顶的四角上有龙形雕刻物。

中国秋千： 版画和平面图没有提供足够的信息，因此无法明确描述。秋千可能是挂于两根柱子之间的。

有一座建在假山上的中式八角形单层亭子，屋顶为蓝色，装点有球形雕塑和鸵鸟蛋，墙壁上有红色和黄色的几何图案，是根据一幅不带有任何铭文的版画仿造而成的，很可能是巴加特勒的一座园林建筑。

巴加特勒花园是路易十六的兄弟——查理十世查理·菲利普（Charles Philippe）的属地。巴加特勒花园由布莱基（Blaikie）于 1777 年至 1780 年间建造。以上提到的花园中的建筑由建筑师弗朗索瓦·约瑟夫·贝朗热（François Joseph Belanger, 1744—1818）设计。以上这些中式的原始建筑都已不复存在。

版画（平面图）："巴加特勒总平面图, 贝朗热"，巴黎国家图书馆。Ha.58, fol. Architecture de Belanger I: Projets divers. 这幅平面图带有中国秋千和中国桥的小草图，其中中国桥不带有宝顶。Le Rouge, *Jardins Anglo-Chinois*, cah. 12, no. 2："献给国王兄弟阿托瓦伯爵阁下的小花园，1784 年。"
版画（视图）：Chéreau, *Iᵉʳ Cahier de Differentes Vues, Prise au Jardin de Bagatelle, Bois de Boulogne*, no. 2："中国桥"（复制于 E. de Ganay, *Fabriques aux Jardins du XVIIIᵉ Siècle*, in Revue de l'Art, July 1933, vol. 64, no. 347, p. 49）。伊莉丝·索格林（Elise Saugrin）的版画，带有高宝顶的巴加特勒中国桥。"L. G. Moreau P. Elise Saugrin Sc. 1785."（巴黎国家图书馆，AA3 suppl, rel. and Va 202 in-fo. p. 20.）上述描绘中国亭位于假山之上的图纸不带任何描述信息和作者签名，这图纸现藏于巴黎国家图书馆，Ha. 58, fol. p. 8 和 Va 202 in-fo. p. 18.
版画（图纸）： 一幅不带任何题字或签名的水墨画。右上角的角落写着 "Bel"（Belanger?）。图纸上描绘的无疑是印度亭。（巴黎国家图书馆，Va 202 in-fo, p, 27.）Prince de Ligne, *Coup d'Oeil sur Beloeil*, 1781, p. 141.
R. Hénard, *Les Jardins de Bagatelle*, in La Grande Revue, May 10, 1907, p. 446.
H. Cordier, *La Chine en France au XVIIIᵉ Siècle*, 1910, pp. 65-66.
J. C. N. Forestier, *Bagatelle et ses Jardins*, [1923?].
H. I. Triggs, *Garden Craft in Europe*, 1913, p. 310.
De Ganay, *Fabriques aux Jardins du XVIIIᵉ Siècle*, in Revue de l'Art, July 1933, vol. 64, no. 347, p. 56.

中式浴场（BAINS CHINOIS），见巴黎中式浴场（PARIS BAINS CHINOIS）、新中式浴场（NOUVEAUX BAINS CHINOIS），位于法国巴黎的安提恩大道（Boulevard de la Chaussée d'Antin）。

博杜尔（**BAUDOUR**），位于比利时，邻近埃诺省（Hainaut）的贝洛伊（Beloeil）。

博杜尔的小型城堡曾被莱尼王爵用作狩猎小屋，建筑的中国风装饰物大约是在1774年到1779年间增添的。

我们对于这些建筑的了解来自莱尼王爵自己的手稿。

Prince de Ligne, ... *Beloeil*, 1781, pp. 28-29, 31.

同上，增补版，1795（ed. 1922, pp. 263-264）。

中式观景楼（**Chinese Belvedere**）：由粗制的石块和砖砌成的方形建筑，顶部有一座两层的开放式中式凉亭。屋顶呈弧形，带有挂铃。围栏上有斜格纹。

栅栏（**Barrières**）：柱子上挂着方形灯笼，灯笼上挂着铃铛。有不同图案的格状栏板。

这些中国风的园林建筑已经不复存在。

版画：Le Rouge, *Jardins Anglo-Chinois*, cah. 7, no. 15, 16：“博杜尔园和城堡”“博杜尔栅栏”“博杜尔的中式观景楼。”

De Ganay, *Beloeil*（前言），1922.

拜罗伊特城堡（**BAYREUTH**），见**赫米蒂奇**（**HERMITAGE**），位于德国拜罗伊特附近。

贝克特（**BECKETT**），位于英国英格兰地区的伯克郡。

避暑别墅（**Summer House**）：一座正方形的大型单层凉亭，有单层的平屋顶，屋顶向外突出，带有矩形的门窗。

带有简朴斜格纹的桥梁是后来建造的。

避暑别墅被认为是伊尼哥·琼斯（Inigo Jones, 1572—1652）的建筑作品，但这一论断缺乏证据。

这座建筑物尚存。

M. R. Gloag, *A Book of English Gardens*, 1906, pp. 120-123.

贝尔维尔宫（**BELLEVILLE**），位于法国巴黎。

中国台球馆：这座建筑的平面呈长方形，有单层的瓦片平屋顶，屋脊平直，檐角弯曲。屋顶较短的一边没有达到屋脊的高度，形成了一个小型的三角形山形墙。建筑周围环绕着一圈圆柱门廊，柱子底部和地面的连接处是带有花卉图案的装饰板，柱子顶部的格状结构装点有回纹饰和斜花纹的图案，窗户上有斜格纹。

由建筑师芒达尔（Mandar）为科钦先生（Mr. Cochin）所建。

这座建筑物现已不复存在。

版画：Krafft, *Maisons de Campagne*, pl. 54:"建筑师芒达尔和桥梁与路面主管英根（Ingen）在贝尔维尔宫为海港总监科钦先生建造的中国台球馆详图。"

贝洛伊（BELOEIL），位于比利时的埃诺省。

贝洛伊庄园的英式庭院是由它的主人莱尼王爵查尔斯·约瑟夫（1735—1814）从1775 年开始建造的。莱尼王爵在 1794 年离开了贝洛伊。在 1775 年至 1794 年间，这座中式园林建筑得以建成。

关于这些建筑的信息仅通过莱尼自己的手稿得以留存。

Prince de Ligne, *Coup d'Oeil sur Beloeil*, pp. 8-9.

1795 年增补版（ed. 1922, p. 252）.

同上, pp. 257-258. Prince de Ligne, *Mes Adieux*, 1807.

这些中国风园林建筑无一尚存。

版画：De Laborde, *Description des Nouveaux Jardins de la France*, 1808, pl. 116.

De Ganay, *Beloeil*（前言）, 1922.

贝茨园（BETZ），位于法国，邻近巴黎和桑利斯（Senlis）。

异国风格亭子：一座圆形亭子，亭柱上装饰着花叶形凸雕，屋顶呈弧形，带有圆形窗户。亭子上有大量的花叶、珊瑚、鸵鸟蛋、铃铛和长着翅膀的飞龙浮雕装饰物。

中国桥：桥的北端有左右两座中式雕像（宝塔），这两座雕像被安置在由珊瑚和贝壳浮雕装饰的岩石上，桥的南端有左右两条长着翅膀的巨龙，巨龙的爪子上握着铃铛。这些雕像是可移动的。这座桥被漆成几种不同的颜色，并由汉字图案装点。

贝茨园建于 1780 年至 1789 年间，由摩纳哥公主玛丽·凯瑟琳·布里诺尔（Marie Catherine Brignolé）在哈考特公爵（Duc d'Harcourt）的帮助下建造而成。

以上亭子和中国桥今天都已不复存在，可能是在法国大革命中被摧毁。

Cerutti, *Les Jardins de Betz: poème avec notes*（1792）. 古斯塔夫·梅肯（Gustave Macon）为塞利斯考古委员会出版的未出版说明，桑利斯，1908。

H. Cordier, *La Chine en France au XVIIIe Siècle*, pp. 71-73. De Ganay, *Fabriques aux Jardins du XVIIIe Siècle*, in Revue de l'Art, July 1933, vol. 64, no. 347, pp. 53-54.

布洛涅森林（BOIS DE BOULOGNE），圣詹姆斯庄园（LA FOLIE SAINT-

JAMES），见**讷伊**（NEUILLY）**圣詹姆斯庄园**，位于法国巴黎的讷伊区。

博内勒（BONNELLES），位于法国巴黎附近。

中国亭：是一座正方形的单层亭子，有单层屋顶，亭顶装饰有一座微型的开放式四柱亭。链子从亭顶亭子雕塑的屋檐上垂下来，连到主亭檐角上的科林斯式柱柱顶的螺旋饰上。亭子的屋檐角上挂着铃铛，有圆形的大窗户。亭子由一圈格栏围成，木栏上装点着朴素的中式格子图案。这座亭子坐落在一块岩石上，四面环水，有一座拱桥连接亭子和对岸，桥上的栏杆带有朴素的斜纹格。亭边有一艘小船，船头呈弧形，带有拱形的船篷。

博内勒是尤斯公爵（Duc d'Usès）的领地，这座亭子建于1784年以前。

以上亭与桥都已不复存在。

版画：Le Rouge, *Jardins Anglo-Chinois*, cah. 12, no. 11："尤斯公爵的博内勒城堡和园林的平面图"；no. 12："博内勒的哲学家之家和中国亭的平面图"和"博内勒中国馆和哲学家之家的景色"。

H. Cordier, *La Chine en France au XVIIIᵉ Siècle*, 1910, p. 69.

De Ganay, *Fabriques aux Jardins du XVIIIᵉ Siècle*, in Revue de l'Art, July 1933, vol. 64, no. 347, p. 54.

博杜尔（BOUDOUR），见**博杜尔**（BAUDOUR），位于比利时，邻近埃诺省的贝洛伊。

布莱顿（BRIGHTON），位于英国的苏塞克斯郡（Sussex）。

海洋馆，或称印度馆：这座建筑始建于1784年，体现出印度风格。这座建筑有过几种不同的建筑设计方案，包括经典风格和中国风的设计。其中的几个房间带有中国风的装饰纹样。

布莱顿的温莎城堡皇家图书馆藏有水彩平面图和立面图的小文件夹，最后一面写着："斯泰恩斯（Steynes）的建筑立面图设计。"

这座建筑是一个大型建筑，中间的圆形主楼有三层，带有柱廊。主楼左右为两层高的长方形楼房，带有两个单层的侧翼。屋顶部分呈弧形，主体色调为蓝色，装点有黄色的中国风装饰图案。墙体有四种颜色，分别为蓝色、白色、红色和黄色。

这个建筑计划没有被付诸实践。

H. Repton, *Designs for the Pavilion at Brighton*, 1808, p. 41.

J. Nash, *The Royal Pavilion at Brighton*, 1838.

布鲁赫萨尔（BRUCHSAL），位于德国的巴登州（Baden）。

印度亭（详见第五章）。

建于 1729 年以前。

这座建筑物现已不复存在。1908 年，园林里出土了一个中国风的小亭顶，这亭顶现在被保存于城堡博物馆（Schlossmuseum）。

H. Rott, *Kunstdenkmäler des Amtsbezirks Bruchsal*, 1913, p. 188.

观景楼: 这座建筑物是蓄水池上方的一座开放式楼阁，四支由铁制成的树形构件支起了一把金属阳伞。

由莱昂哈德·斯塔尔（Leonhard Stahl）于 1756 年设计建造。

这座建筑物尚存。

H. Rott, *Kunstdenkmäler des Amtsbezirks Bruchsal*, p. 70.
M. L. Gothein, *History of Garden Art*, 1928, vol. 2, p. 152.
H. Vogel, *Der Chinesische Geschmack in der Deutschen Gartenarchitektur des 18. Jahrhunderts*, in Zeitschrift für Kunstgeschichte, 1932, vol. 1, p. 325.
A. Reichwein, *China and Europe*, 1925, p. 63.

布鲁尔（BRÜHL），位于德国，邻近科隆。

雉鸡饲养场的印度屋（详见第五章）：建成于 1750 年。为选帝侯克莱门特·奥古斯都建造。

这座建筑在 1832 年被拆除，留存至今的只有建筑上的一个代表性雕塑，描绘了一个中国人骑着一条龙。这座雕塑被安放在布鲁尔城堡的前厅。

版画：''布鲁尔雉鸡饲养场的印度屋。布鲁尔附近雉鸡饲养场的圣杰恩之家（Maison El Sans Jene）。由梅茨先生投资与设计；私人保险公司执行人：梅特尔''（1760）。来自一系列（共 22 幅）克莱门特·奥古斯都城堡的图纸。还有两幅位于布鲁尔城堡的印度屋前后的当代油画。

蜗牛屋（Snail House）：岛上的一座观景楼，螺旋状的楼梯沿着建筑外墙盘旋向上，栏杆上有''中国风''的图案。

开工于 1748 年，为选帝侯克莱门特·奥古斯都建造，于 1760 年完工。

这座建筑已经被拆除。

其设计图纸被包含在一系列（共 22 幅）克莱门特·奥古斯都城堡的图纸中，由梅茨和梅特尔于 1760 年绘制。

E. Renard, *Die Bauten der Kurfürsten Joseph Clemens und Clemens August von Köln*, in Bonner Jahrbücher, 1896, pp. 43-44.
Gothein, *History of Garden Art*, vol. 2, pp. 144-145.
Reichwein, *China and Europe*, p. 63.
E. Renard, *Clemens August*, 1927, pp. 32-33, 72-73, pl. 88.

中国风咖啡馆（**CAFÉ DES CHINOISES**），见（**巴黎**）**中式咖啡馆**（**CAFÉ DES CHINOISES**），位于法国巴黎的巴黎皇家宫殿。

卡农（**CANON**），位于法国诺曼底的卡农城堡（Château de Canon）。

中式亭子： 开放式方亭，带有朴素的格子图案。盖木瓦的亭顶呈 S 形曲线，亭顶有圆形把手状雕刻物。

这座亭子属于比较晚期的一种风格，大约建造于 1800 年前后。

这座建筑物现今尚存。

复制于 De Ganay, *Fabriques aux Jardins du XVIIIᵉ Siècle*, in Revue de l'Art, July 1933, vol, 64, no. 347, p. 57.

卡尔斯鲁厄（**CARLSRUHE**），见**卡尔斯鲁厄**（**KARLSRUHE**），位于德国的上西里西亚地区（Upper Silesia）。

卡塞尔（**CASSEL**），见**威廉姆舍赫**（**WILHELMSHÖHE**），位于德国的卡塞尔地区附近，或见**威廉姆斯塔尔**（**WILHELMSTAL**），位于德国的卡塞尔地区附近。

尚特卢（**CHANTELOUP**），位于法国，邻近安博瓦兹城。

宝塔： 这座建筑为八角塔，有七层高，带有十六根圆柱的圆形门廊。为石塔，高度约 120 英尺（约 36.6 米）。

于 1775—1778 年间建成，由建筑师路易斯 · 丹尼斯 · 勒 · 加缪为舒瓦瑟尔公爵埃蒂安 · 弗朗索瓦（Étienne- François）建造（详见第八章）。

这座塔尚存。

版画: Le Rouge, *Jardins Anglo-Chinois*, cah. 7, no. 9: "尚特卢舒瓦瑟尔公爵的英式园林"; no. 10: "尚特卢舒瓦瑟尔公爵的宝塔凉亭"。

G. Maugras, *La Disgrâce du Due et de la Duchesse de Choiseul*, 1903, pp. 349-350.

J. de Foville and A. le Sourd, *Les Châteaux de France*, p. 196.

H. Cordier, *La Chine en France au XVIIIᵉ Siècle*, pp. 63, 64.

A. Hallays, R. Engerand, and R. E. André, *Chanteloup*, 1928, pp. 64 ff.

De Ganay, *Fabriques aux Jardins du XVIIIᵉ Siècle*, in Revue de l'Art, July 1933, vol. 64, no. 347, pp. 50-52.

尚蒂伊（CHANTILLY），位于法国巴黎北部。

异国风格亭子： 是一座八角形建筑，有四个较低的八边形侧室，各自有独立的金字塔形屋顶。中间主屋的屋顶是双层的，顶尖上有伞状雕刻物，装饰有铃铛和蛇的图案。中国音乐家的雕塑被安放在侧室的屋顶上。所有房间的屋顶都是平屋顶，有半圆形的窗户。建筑的墙上写满了汉字。

1770 至 1771 年间，让·弗朗索瓦·勒罗伊（1729—1791）在西尔维园为路易斯·约瑟夫·德·康德建造了这座建筑。

这座建筑在法国大革命中被摧毁。

绘画：尚蒂伊的康德博物馆（Musée Condé），十八世纪。
版画：Merigot, 1791, p. 40, "中式亭。"
J. A. Dulaure, *Nouvelle Description des Environs de Paris*, 1787, vol. 1, p. 82.
J. Merigot, *Promenades ou Itinéraire des Jardins de Chantilly*, 1791, p. 40.
G. Macon, *La Château et le Parc*, in Revue de l'Art Ancien et Moderne, 1898, vol. 3, p. 316.
G. Macon, *Les Arts dans la Maison de Condé*, 1903, pp. 111-112.
H. Cordier, *La Chine en France au XVIIIe Siècle*, pp. 70, 71.
De Ganay, *Fabriques aux Jardins du XVIIIe Siècle*, in Revue de l'Art, July 1933, vol. 64, no. 347, p. 53.

科梅尔西园（COMMERCY），位于法国洛林地区。

异国风格亭子： 这座建筑是一座方亭，屋顶呈波浪形，但不是凸面的。四面都是楼梯。落下的水流充当了建筑的墙壁。

由来自法国南锡的建筑师伊曼纽尔·赫雷·德·科尼（1705—1763）为斯坦尼斯洛斯·莱斯茨钦斯基设计建造，大约建于 1745 至 1747 年。

这座建筑物现已不复存在。

版画：E. Héré, *Recueil des Plans, Elevations…des Jardins…que le Roy de Pologne occupe en Lorraine*, 1753, vol. 2, pl. 14: "亭的平面图和立面图，八字交叉处仅以水星装饰。"

雷茨蒙维尔荒漠园（DÉSERT DE MONVILLE, de Retz），位于法国，邻近巴黎的马尔利森林（Forêt de Marly）。

中国屋： 这座建筑为三层的木结构，第一层和第二层的屋顶呈 S 形的曲线，第三层屋顶呈简单的凹曲线，顶尖是中国风的木格雕花。墙壁、窗户和门都装饰有几何图案，镶板上写满了汉字。一半的房柱模仿竹子而设计，带有伸臂柱头。在一楼主屋延伸出来的两个侧室的屋顶上有花瓶形状的烟囱。与这栋中式住宅相连的还有一座湖边的单层亭子，带有单层的 S 形屋顶。这座建筑不规则的平面图是由此地不平坦的地形所决定的。

橘园（Orangery）：这座建筑为矩形结构，中间主屋有一个高耸的曲面屋顶，屋顶尖是一个宝顶，门窗上装饰有木刻格子图案。

中国屋的花园大门：厚重的单扇入口大门，门顶略呈弧形。棕榈叶的图案点缀在飞檐上，底下衬有汉字图案和一条窄窄的衣纹。门的双翼上有汉字图案。

这座中式花园中的所有园林建筑都是由它的主人拉辛·德·蒙维尔（Racine de Monville）于 1780 年前后设计和建造的。

这座花园和它其中的园林建筑尚存。

版画：Le Rouge, *Jardins Anglo-Chinois*, cah. 13，扉页："包括沙漠的细节和圣日尔曼莱昂（St. Germain en-Laye）的花园，此项目由蒙维尔先生本人亲自设计、绘制与实施……巴黎…… 1785"；no. 2："荒漠园概况图"；no. 10："中式阁楼花园的大门"；no. 11："中式阁楼的平面图和细节"；no. 12："南大门所见中式阁楼景观"；no. 13："花园旁中国屋的正面"；no. 14："中国屋位于西侧"；no. 15："花园宽度方向的中国屋"；no. 16-17："中国屋的小亭子三个坡面的立面图"；no. 18："中国屋立面图"；no. 19："中国屋花园大门"；no. 20："中国屋花园里的茅草屋"；no. 21："中国屋花园里的橘子树"；no. 25："中国屋的小门"。
De Laborde, *Description des Nowtaux Jardins de la France*, pl. 84："沙漠中的中国亭。"
Prince de Ligne, … *Beloeil*, p. 139："中国皇帝认可蒙维尔先生的中式小房子。"
C. C. L. Hirschfeld, *Theorie de Gartenkunsl*, vol. 5, 1785, p. 258.
De Laborde, *Description des Nouveaux Jardins de la France*, pp. 149-150.
Dc Ganay, *Fabriques aux Jardins du XVIIIᵉ Siècle*, in Revue de l'Art, July 1933, vol. 64, no. 347, p. 58.

迪斯考（DIESKAU），靠近德国的黑尔区（Halle）。

中国亭：这座建筑为单层方形结构，底部结构由粗糙的石材筑成。这座建筑带有突出的复折式屋顶，亭尖有小型四方金字塔形顶盖和龙形雕刻物。在亭子的四角，有四根木制的棕榈柱子支撑亭顶。这座建筑设有八角窗，灰泥墙面上画满了人物以及中式和哥特式的装饰图案。

建于 1790 年前后。

这座建筑物尚存，但损坏严重。四根木柱只有一根留存至今。

德累斯顿（DRESDEN），位于德国的诺伊施塔特区（Neustadt）。

日本宫（Japanese Palace）：围绕着一座四方形主馆建造的城堡。四个角亭的屋顶为铜质，呈凹曲线。主馆的阳台由带有中式雕像的壁柱所支撑。

这座宅邸始建于 1715 年，由波佩尔曼（Pöppelmann）为弗莱明伯爵（Count Flemming）所建，最初叫荷兰宫。被波兰国王奥古斯都二世（King Augustus the Strong）买下后，这座宅邸在 1729 至 1741 年间由波佩尔曼和朗格隆（Longuelune）负责改建。主馆由波佩尔曼建造，他去世于 1736 年。

这座建筑物尚存。

Reichwein, *China and Europe*, p. 60.

卓宁霍姆宫（DROTTNINGHOLM），位于瑞典斯德哥尔摩以东。

中国亭：第一个中式亭子（详见第五章）。

这座亭子由路易莎·乌里卡女王（Queen Louisa）于 1753 年建造，十年后被拆除。乌普萨拉大学（University of Upsala）图书馆保存着阿德尔兰茨（Adelcrantz）所作的描绘拉斯特罗特园（Lustslottet）原来面目的画稿（复制于 N. G. Wollin, *Drottningholms Lustträdgård och Park*, 1927, fig. 55）。

中国园林小屋（Chinese Garden House，详见第五章）。

由弗雷德里克·阿德尔克兰茨（Fredric Adelcrantz, 1716—1796）于 1763 年为路易莎·乌里卡（Louisa Ulrica）建造。

这座建筑物尚存。

阿德尔克兰茨的设计图被保存在乌普萨拉大学图书馆（复制于 Wollin, *Drottningholms Lustträdgård och Park*, fig. 59）；复制品位于柏林国家艺术图书馆（Staatliche Kunstbibliothek），Hatidzeichnungen, 3950 gr: "卓宁霍姆宫的中国屋。"

中国园林小屋边有一个四方形的亭子，亭子的屋顶是起伏的波纹结构，装点有挂钟，亭尖有花格栏杆和小型开放式凉亭的雕塑。

这座亭子由阿德尔克兰茨设计，设计时间大约在 1763 年后不久。

这座建筑物现今尚存。

鸟舍（Aviary）：有两层呈弧状的屋顶，为八角形建筑。

由阿德尔克兰茨设计，大约在 1763 年后不久建成。

这座建筑物现今尚存。

阿德尔克兰茨的设计被保存在斯德哥尔摩的瑞典皇家图书馆（Kungliga Bibioteket）和卓宁霍姆宫城堡图书馆（Drottningholm Slottbibliotek）（复制于 Wollin, *Drottningholms Lustträdgård och Park*, figs. 61 and 62）。

1777 年，古斯塔夫三世（King Gustave III）开始计划建造一座英式花园。1783 年至 1784 年间，古斯塔夫三世在法国旅行，参观了蒙索、特里亚农和尚蒂伊著名的新式园林。古斯塔夫三世命令路易斯·让·德斯雷兹（Louis Jean Desprez）构思一种把卓宁霍姆宫现代化的设计。在德斯雷兹设计的众多建筑中，他于 1788 年设计的一座宝塔体现出他完全摒弃了中国园林小屋的那种风格。德斯雷兹设计的宝塔为八角形的三层建筑，有向外突出的弧形屋顶。这个设计从未被付诸实践。德斯雷兹的设计被保存在斯德哥尔摩皇家历史与文物学院（Kungl. Vitterhets-, Historic- och Antikvitetsakademien）和斯德哥尔摩城堡档案馆（Slottarkivet Stockholm）（复制于Wollin, *Drottningholms Lustträdgård och Park*, figs. 81, 82, and 83）。

Hirschfeld, *Theorie der Gartenkunst*, vol. 5, p. 284.
Wollin, *Drottningholms Lustträdgård och Park*, pp. 132-150.

埃施特哈齐（**ESZTERHAZY**），位于匈牙利的锡德尔湖畔（Neusiedeler）。
这座庄园由尼古拉斯·埃斯特哈齐始建于 1762 年。

中式园林建筑（**Chinese Garden House**）：这座建筑的风格可能属于异国风格，其平面呈长方形。
这座建筑建于 1762 年至 1780 年间。

平面图："埃施特哈齐住宅的建筑、大门和花园的总体规划。M.温曼（M. Weinmann），1780"列入"中国建筑"的名单。
N. Esterházy, *Beschreibung des Schlosses Eserhasz*, 1784.
Die Gartenanlagen Österreich-Ungarns, 1913, no. 5, p. 26.

埃蒂佩（**ETUPES**），见蒙贝利亚尔（**MONTBÉLIARD**）埃蒂佩庄园（**GARDENS OF ETUPES**），位于法国弗朗什-孔泰地区（Franche-Comté），邻近蒙贝利亚尔。

法沃利塔（**FAVORITA**），见（巴勒莫）法沃利塔别墅（**VILLA FAVORITA**），位于意大利，邻近巴勒莫。

圣詹姆斯庄园（**LA FOLIE SAINT-JAMES**），见讷伊（**NEUILLY**）圣詹姆斯庄园（**LA FOLIE SAINT-JAMES**），位于法国巴黎。

弗朗孔维尔（FRANCONVILLE-LA-GARENNE），位于法国的蒙莫朗西山谷（Montmorency Valley）。

异国风格亭子： 是一座建于岩石上的开放式四方亭，四根纤细的亭柱上都雕刻有花环的装饰性图案。亭顶为单层的弧形顶，挂有铃铛和链子。

阿尔本伯爵夫人的庄园大约在 1770 年到 1784 年间建成，这座亭子建于 1784 年以前。

这座建筑物现已不复存在。

版画：J.-C, Prieur, *Description d'une Partie de la Vallée de Montmorenci*, 1784: "Le Kiosque. F. M. de Ludy pinx. E. Lepagelet fecit"（复制于 De Ganay, *Fabriques aux Jardins du XVIIIe Siècle*, in Revue de l'Art, July 1933, vol. 64, no. 347, p. 51）。

同上，p. 25: "在小岛的出口处，有一个以中国的方式建造的漂亮的亭子。"然后是一段描述。

H. Cordier, *La Chine en France au XVIIIe Siècle*, pp. 68-69.

De Ganay, *Fabriques aux Jardins du XVIIIe Siècle*, in Revue de l'Art, July 1933, vol. 64, no. 347, p. 56.

格伦塞（GRÖNSÖÖ），位于瑞典的乌普兰地区（Uppland）。

中国亭或庙： 建在湖中平台上的四方形亭子，带有中式风格的格子栏杆。有两层亭顶，下面的那一层呈 S 形曲线，上面的那一层呈凹面。下层亭檐上挂铃铛。亭子带有无花纹的方形窗。亭子内部装点有贝壳、珊瑚和中国人物。

这座亭子建于 1786 年。

这座建筑物现今尚存。

G. Upmark, *Grönsöö*, in Svenska Slott och Herresäten, 1909, vol. 4, p. 4.

汉普顿宫（HAMPTON COURT），位于英国，邻近伦敦。

汉普顿宫桥（Hampton Court Bridge）： 这座桥从来没有被认为是一座中式的建筑，但它身上还是体现出了微弱的中国风的影响。这座桥横跨泰晤士河，有七个桥洞，桥洞上有简单的斜格图案的护栏。最中间的桥洞侧面有四座小型四方亭，亭顶呈弧形。

这座桥于 1753 年开放。

这座建筑现已不复存在。

版画："横跨泰晤士河的汉普顿宫桥透视图。1753 年 12 月 13 日。A. 亨克尔（A. Henkel）委托，塞缪尔·史蒂文斯（Sam'l Stevens）和本杰明·卢加特（Benj'n Lutgator）设计与建造，格里尼翁（Grignion）雕刻。"（大英博物馆，印刷与绘画部门）

赫米蒂奇（HERMITAGE），位于德国拜罗伊特（Bayreuth）附近。

中国盔（**Chinese Sallet**）：这座建筑建在一座假山的洞穴之上，八根绿色和银色的柱子支撑着它金属材质的屋顶，屋顶上装饰着龙和花瓶的雕刻物，建筑内部绘有鸟类的图案。

这座建筑大约建于 1760 年到 1770 年间，为了拜罗伊特的威廉明妮伯爵夫人（Margravine Wilhelmine）而建。

这座建筑现已不复存在。

绘画：拜罗伊特历史博物馆收藏的油画（复制于 G. Hübsch, *Der Fürstliche Lustsitz Eremitage bei Bayreuth*, 1924, p 54）。

平面图："中国盔与洞穴"。

Le Rouge, *Jardins Anglo-Chinois*, cah. 20, no. 23："距离巴雷思（Bareith）1 英里（约 1609 米）的安斯帕赫玛格拉夫赫米蒂奇花园（Jardins de l'Hermitage du Margrave d'Anspach）"，显示了一种"中国宫殿与洞穴"。

Hübsch, *Der Fürstliche Lustsitz Eremitage bei Bayreuth*, pp. 53 ff.

赫米蒂奇（**HERMITAGE**），位于法国的瓦朗谢讷（Valenciennes），邻近康泰（Condé）。

异国风格亭子：一座六角形的开放式亭子，有两层呈弧形的亭顶，每层亭顶由六根无雕刻的柱子支撑，上层亭顶上设计有伸臂柱头。两层亭顶上挂有铃铛，下层亭顶的铃铛挂在没有翅膀的小型飞龙雕刻物上。亭子的宝顶上有一个菠萝，栏杆上有三种格子图案。

这座亭子由赫米蒂奇的主人克罗伊王子设计于 1776 年以前。这个建筑计划在实施过程中可能经过了一些改动。

这座亭子现已不复存在。

版画：Le Rouge, *Jardins Anglo-Chinois*, cah, 4, no. 15："赫米蒂奇园的亭子，由克罗伊王子绘制。"这幅图综合了"中国风凉亭"（Pavilion Chinois Nommé Tings）的特点，即钱伯斯风格的凉亭，展现出了这个项目和它仿照的中国原版建筑之间的紧密关系。

平面图：同上，cah. 7, no. 26："康泰附近的克罗伊王子的赫米蒂奇园"，展现了一座"中国风亭子"。

伊西（**ISSY**），位于法国巴黎附近。

中式鸟舍：中国风格的大型鸟舍。

位于凡塔多公爵（Due de l'Infantado）的庄园，建立于十八世纪下半叶。

这座建筑现已不复存在。

De Ganay, *Fabriques aux Jardins du XVIIIᵉ Siècle*, in Revue de l'Art, July 1933, vol. 64, no. 347, p. 56.

卡尔斯鲁厄（KARLSRUHE），位于德国的上西里西亚。

中式鸟舍： 位于英国花园的一个小岛上，是一座六角形双层平屋顶建筑。六根房柱之间的空间填充着金属丝，在屋顶有一个撑着伞的中国人物形象的雕刻，在两层屋檐上都挂着铃铛，低矮的格栅上有两种图案。

中国桥： 两端都有台阶的拱桥，桥梁围杆上的图案简单朴素，不是中国风的图案。

这座鸟舍和桥如今都已不复存在。

版画：Klinsky, *Geschmackvolle Darstellungen zur Verschönerung der Gärten und Offectlichen Plätze*, 1799, pl. 30.

W. G. Becker: *Taschenbuch für Gartenfreunde*, 1797, pp. 79-134.

邱园（KEW GARDENS），位于英国伦敦附近，是威尔士公主的庄园。

孔庙： 为八角形的双层建筑，单层弧形屋顶，屋檐挂有铃铛，宝顶为龙形雕刻物。栏杆和窗户上有格纹雕花，两层楼之间装饰着面具和藤蔓植物的花纹。

由约瑟夫·古皮（Joseph Goupy，于 1782 年前去世）于 1763 年前建造。

这座建筑现已不复存在。

版画：W. Chambers, *Plans, Elevations, Sections, and Perspective Views of the Gardens and Buildings at Kew in Surry*, 1763, pl. 15：“建筑师：威廉·钱伯斯，雕刻：T. 米勒（T. Miller）。”
同上，text p. 4.
Le Rouge, *Jardins Anglo-Chinois*, cah. 2, no. 6：“邱园中的中国寺庙。”

雉鸡饲养场的中国亭： 该建筑的平面呈长八边形，细木梁上支撑着双层屋顶。屋顶上装饰有藤蔓和花环的浮雕花纹，在两层屋顶间装点着回纹波形的格子图案。这座建筑没有地基和格栏，坐落在一个小岛上，一座带有中式格纹栏杆的直桥从岸边通往这里。

由威廉·钱伯斯（1726—1796）于 1760 年为威尔士亲王遗孀建造。

这座建筑现已不复存在。

版画：Chambers, *Plans, Elevations... of the Gardens and Buildings at Kew in Surry*, pl. 11：“建筑师：威廉·钱伯斯，版画：E. 鲁克（E. Rooker）。”
同上，text p. 4.
Le Rouge, *Jardins Anglo-Chinois*, cah. 2, no. 6：“威尔士亲王的中国园亭。”（这与钱伯斯的草图略有不同。）同上，cah. 8, no. 28：“邱园中的家庭小屋。”（这呼应了钱伯斯的草图，并指出了桥的存在。）

宝塔： 是一座八角形的十层塔。第一层和第十层塔檐呈弧形，其他的塔檐为直线形（详见第七章和第八章）。

于 1761 至 1762 年间由钱伯斯设计建造。

这座建筑尚存，但龙的雕刻物已经被磨平了，塔顶上覆盖着瓦片。

版画：Chambers, *Plans, Elevations... of the Gardens and Buildings at Kew in Surry*, pls. 22-25. 同上，text pp. 5-6.

实际的建筑在第一版设计的基础上做了一些修改：柱廊被加宽；塔柱不再是六角形的，而改为圆形；格廊的图案经过了改动；塔顶上的屋脊被删去了。

Reichwein, *China and Europe*, pl. 21, pp. 118-119.

帕拉弟奥桥（**Palladio Bridge**）：一座单孔拱桥，格子图案为一个正方形包裹另一个较小的正方形，两种正方形都由两条对角线纹理交叉形成。另一座拱桥带有中式斜格纹。

由钱伯斯建造于 1763 年前。

这座建筑现已不复存在。

版画：Chambers, *Plans, Elevations... of the Gardens and Buildings at Kew in Surry*, pl. 32.
同上，text p. 6.
Le Rouge, *Jardins Anglo-Chinois*, cah. 2, no. 15："邱园中的中国桥。"

拉克森堡（**LAXENBURG**），位于奥地利，邻近维也纳。

中国亭： 一座桥上的六角形开放式单层凉亭，檐角夸张地翘起，有铃铛挂在链子上。亭顶上有一个雕刻的中国人物，手握两根带铃铛的手杖。桥上的栏杆、花瓶雕刻物和灯笼都不是中式风格的。

中国龙舟（**Chinese Dragon-Boat**）：有平直的顶篷。
这座拉克森堡的英式花园建成于 1782 年，由工程师奥伯勒特南特·勒·费弗鲁·达肯博尔特（Oberleutnant le Februe d'Archenbault）为约瑟夫二世设计建造。中国亭大约也是在这个时候建成的。

这座亭子现已不复存在。

版画：J. G. Grohmann, *Ideenmagazin*, 1802, vol. 4, no. 38, pl. 9："拉克森堡的中国亭。""图中的桥是从维也纳附近的拉克森堡园借来的，位于一个长长的广场上，颜色非常鲜艳。"
平面图：Le Rouge, *Jardins Anglo-Chinois*, cah. 20, no. 24："拉克森堡花园，距奥地利维也纳三英里，1788 年献给约瑟夫二世。"图中有"中国阳伞"（这可能是指这座亭子）。
Die Gartenanlagen Österreich-Ungarns, 1913, no. 2, 1910, p. 10.

（伦敦）邱园（**LONDON KEW GARDENS**），见**邱园**（**KEW GARDENS**），位于英国伦敦附近。

（伦敦）圣詹姆斯庄园（LONDON ST. JAMES PARK），位于英国伦敦。

中国桥： 由约翰·纳什（John Nash, 1752—1835）建造，他是为国王乔治四世（King George IV）工作的建筑师。这座桥是在滑铁卢战役后为庆祝和平而建造的。

几年后这座桥被拆除了。

A. T. Bolton, ed., *The Portrait of Sir John Soane, R. A.*, 1927, p. 245.

（伦敦）威斯敏斯特教堂沿路的园林，位于英国伦敦。

中国桥： 一座两端各有巨大瓶饰的大桥，桥两边的台阶通向一座桥上的开放式的中式方形双层亭，两层亭顶都呈弧形。下层的亭顶角上雕刻有一条条巨龙，亭尖的宝顶是伞盖形。亭子上装饰有优美的中式格子图案。亭子的屋顶是蓝色的，格栏是蓝色、黄色、红色三种颜色，巨龙雕刻物是绿色的。

这座桥已经不复存在了。

版画: J. C. Krafft, *Plans des Plus Beaux Jardins Pittoresques*, 1809, pl. 8: "克拉夫特委托。布莱雕刻。" 同上，text p. 7: "提供了一座中国桥的平面图和立面图……这座桥为砖石结构，桥顶装饰有一座雪松木亭，其他颜色的木材形成饰带。这座桥的设计本身很平庸，但这座亭子和亭栏设计得很均衡，包含了一些独具匠心的细节，展现出了一种良好的建筑风格。"

吕内维尔（LUNÉVILLE），位于法国洛林地区。

异国风格亭子，或称土耳其屋（Turkish Building，详见第五章）。
中国屋（Le Trèfle，Chinese Building，详见第五章）。
由来自法国南锡的建筑师伊曼纽尔·赫雷·德·科尼为斯坦尼斯洛斯·莱斯茨钦斯基设计建造。这座亭子建于 1738 年，中国屋建于 1738 年到 1741 年间。

两座建筑后来都被拆除了。

版画: Héré, *Recueil des Plans, Elevations... des Jardins... que le Roi de Pologne Occupe en Lorraine*, vol. 1: "亭子"，平面图、立面图、剖面图；"岩石对面名为三叶草的亭子平面图"；"位于吕内维尔皇家花园运河一端的一座名为三叶草的中国建筑的三面立面图"；"贯穿整个公寓的三叶草休息室"。

马林韦尔德尔（MARIENWERDER），位于德国汉诺威附近。

赫斯菲尔德提到了一座中式高拱桥和一座中式凉亭，但没有给出详细的描述。

这个园林是由它的主人冯·希尼伯先生（Herr von Hinüber, 死于 1784 年）设计的。

如今，这些中式建筑都已不复存在。

汉诺威各地写信给马林韦尔德尔，询问有关中英式花园的事宜。汉诺威，1777。
（修订于 C. C. L. Hirschfeld, *Taschenbuch für Gartenfreunde*, 1782, p. 87.）
Hirschfeld, *Theorie der Gartenkunst*, vol. 5, pp. 206-231.

麦莱维尔（MÉRÉVILLE），位于法国，靠近巴黎南部的埃唐普（Étampes）。

中国桥： 一座直木桥，连接了两座山丘。造型模仿中国的铁索桥，桥上没有栏杆，只有几条铁链。

这座桥建于法国大革命前夕。

版画：De Laborde, *Description des Nouveaux Jardins de la France*, pl. 57.

蒙比茹宫（MONBIJOU），位于德国柏林。

中式园林建筑： 一座八角形建筑，第三层比较窄小，为开放式，第三层屋檐下面有一个很深的凹形飞檐。建筑的屋顶呈弧形，门窗上有中式的木格图案，第二层楼也围绕着一圈相同图案的格。建筑有几种不同的颜色，墙壁和屋顶为白色，环绕着第二层楼的木格有红、绿、蓝、白四种颜色。

日本园林建筑： 该建筑的屋顶为弯曲的攒尖顶，由一圈棕榈木制的柱子支撑着，栏杆为洛可可风格。建筑颜色为绿色。这座亭子坐落在一座假山上，有一条蜿蜒的小路通向这座建筑。

这两座建筑都建立于 1787 年至 1805 年间，是为了腓特烈二世（Friedrich Wilhelm II）的遗孀、普鲁士王后腓特烈克（Queen Frederike）所建。

这两座建筑都已不复存在。

版画：J. Morino, *Sammlung Romantischer Partien… zu Monbijou und Freyenwalde*, between 1798-1805. no. 4：“皇宫的日本游乐园，蒙比茹宫的花园。由约翰·莫里诺（Johann Morino）在柏林出版”；no. 5：“皇宫的中国游乐园，蒙比茹宫的花园。由约翰·莫里诺在柏林出版”（复制于 F. Laske, *Der Ostasiatische Einfluss auf die Baukunst des Abendlandes, Vornehmlich Deutschlands im 18. Jahrhundert*, 1909, figs. 94, 95, 但是标题被错误地交换了）。
J. D. F. Rumpf, *Berlin und Potsdam*, 1823, vol. 1, p. 141.
Laske, *Der Ostasiatische Einfluss auf die Baukunst des Abendlandes, Vornehmlich Deutschlands im 18. Jahrhundert*, pp. 108-112.

蒙索（MONCEAU），位于法国巴黎。

旋转木马（Merry-go-round）： 装饰有龙和中国人物，设计有呈凸曲线的阳伞，仆人穿着中式服装。

中国桥： 两座中式的桥梁从岸边通往旋转木马所在的岛屿，都是直桥，带有格子图案的栏杆，高杆上雕有带翅膀的飞龙。

蒙索庄园（The Parc Monceau），归属于沙特尔公爵（Duc de Chatres），由画家路易斯·卡罗吉斯·德·卡蒙泰尔（Louis Carrogis de Carmontelle，1717—1806）设计于1773 年。

这些中式园林建筑现今都已荡然无存。

版画：L. C. de Carmontelle, *Jardin de Monceau*, 1779, pl. 16："主要展馆和旋转木马的视图。德·卡蒙泰尔投资与委托, 米肖特（Mishault）雕刻。" Le Rouge, *Jardins Anglo-Chinois*, cah. 10, no. 2: "蒙索花园的平面图……1783。"

De Carmontelle, *Jardin de Monceau*, chap. 3.

Hirschfeld, *Theorie der Garlenkunst*, vol. 5, p. 267.

G. Thouin, *Plans Raissonnés de Toutes les Espèces de Jardins*, 1819, Préface, p. [1].

Jäger, *Gartenkunst und Gärten*, p. 335.

Triggs, *Garden Craft in Europe*, pp. 306-307.

A. A. Ernouf, *L'Art des Jardins*, 1885, p. 113; plan, fig. 135.

De Ganay, *Fabriques aux Jardins du XVIIIᵉ Siècle*, in Revue de l'Art, July 1933, vol. 64, no. 347, p. 56.

（蒙贝利亚尔）埃蒂佩庄园（MONTBÉLIARD GARDENS OF ETUPES），

位于法国弗朗什 - 孔泰大区（Franche-Comté），邻近蒙贝利亚尔。

宝塔： 一座八角形的六层建筑，门廊立有圆柱；弧形的屋顶挂有铃铛，栏杆带有中式风格的格子图案；宝顶上有宝伞；每层楼有四扇拱形窗户；为砖结构建筑。

中国寺庙： 这座庙为八角形的单层建筑，双层屋顶呈弧形。两层屋顶下的木格雕花为几何图案，第一层屋檐的檐角上雕刻有八条龙，龙爪握着铃铛，第二层屋檐挂着铃铛，寺庙的宝顶雕刻有一个呈坐姿的中国人像，手握两根手杖，手帐上挂着铃铛。门窗上雕刻有几何图案。

中国凯旋桥（Chinese Triumphal Bridge）： 这座直桥上的扶手由几何图案的格子装饰，通体以一座长方形开放式单层曲顶凉亭为桥顶。这座凉亭带有突出的屋脊和弯曲的檐角，四个檐角都挂有铃铛。亭子较长的那一边有半圆形孔门，其余的空间装饰有几何图案。

鸟舍： 一座八角形建筑，带有双层曲面屋顶，装饰有铃铛和宝伞。八根房柱间的空间充填着金属丝。鸟舍拔地而起，楼两边有蜿蜒向上的楼梯，在楼梯的尽头雕刻有两个呈坐姿的中国人像。

天鹅屋（**Swan House**）：一座方形小楼，带有单层的曲面屋顶，宝顶尖雕刻有三个交叉的箭矢，带有圆形入口。

中式旋转木马（**Chinese Merry-go-round**）：带有曲面的阳伞，宝顶刻有飞龙，挂有铃铛，铃铛由呈坐姿的中国人像拿着。旋转木马的座椅被设计成孔雀和天鹅的形状。

埃蒂佩庄园是蒙贝利亚尔贵族符腾堡公爵（Duke of Wurttemberg）的避暑别墅。符腾堡公爵计划建造了这座庄园，由建筑师让·巴蒂斯特·克利夫（Jean Baptiste Klever, 1753—1800）1787 年设计建成。

这些中式建筑现已不复存在。

版画：Le Rouge, *Jardins Anglo-Chinois*, cah. 20, no. 8："蒙贝利亚尔花园"；Krafft, *Plans des Beaux Jardins Pittoresques*, pl. 48："显示了鸟舍的平面图和高度，还显示了天鹅屋的平面图和高度，两者都是中式风格的建筑"；pl. 57："一座中国寺庙的平面图、高度和细节图，这座小庙以粗制的石块和砖为地基，在它脚下形成了一个平台。它的结构简单而恰当，细节之处设计多样，门楣和檐口上的颜色起到了非常好的效果"；pl. 58："中国寺庙的屋顶"及其细节；pl. 59："呈现了中国凯旋桥的高度和桥面。这座桥构图壮丽，设计新颖。建筑师将桥的各个部分设计成了一个圆环，桥的走道位于这个圆环的中心，圆环的上半部分装饰有非常丰富的图案"；pl. 60："展示了中国塔或宝塔的高度和塔顶。在将近 50 年的时间里，这种风格的建筑在英国人和德国人中非常流行。这座塔立在庄园的一座山丘上，充当一个观测站。打猎爱好者每天早晚都会在那里吹响号角……这座建筑的设计简单又优雅。每层的长廊都有不同的结构和装饰，普通的色彩带来了如画的效果"。
H. Cordier, *La Chine en France au XVIIIᵉ Siècle*, p. 67.

巴 黎 蒙 莫 朗 西（**MONTMORENCY**），见（**巴 黎**）**蒙 莫 朗 西 酒 店**（**HÔTEL MONTMORENCY**），位于法国巴黎的蒙马特大道（Boulevard Montmartre）。

蒙特勒波斯庄园（**MONTREPOS**），位于德国的莱茵河段，靠近新维德（Neuwied）。

中国屋（详见第五章）。

格拉芙·亚历山大·冯·维德（Graf Alexander von Wied）于 1757 年至 1762 年间的某个时候设计了这座庄园。这幢中国屋可能是在这段时间内建成的，也可能是在那之后不久建成的。

这些建筑物在法国大革命后都化为了废墟。

版画：Le Rouge, *Jardins Anglo-Chinois*, cah. 20, no. 20："科布伦茨附近的新维德的蒙特勒波斯英式

花园"；no. 22："蒙特勒波斯花园的细节"，展示了一个"中国房子（省略了龙）"；"维也纳森林旁的蒙特勒波斯庄园，由 H. F. 布吉尼翁（H. F. Bourguignon）拍摄和雕刻"（复制于 F. von Ompteda, *Rheinische Gärten*, 1886）。

Von Ompteda, *Rheinische Gärten*, p. 25.

蒙维尔（MONVILLE），见雷茨蒙维尔荒漠园（DÉSERT DE MONVILLE, de Retz），位于法国，邻近巴黎的马尔利森林。

莫里茨堡（MORITZBURG），位于德国的萨克森（Saxony）。

鸡舍，或称动物园（Pheasantry, Menagerie or "Der Jappan"）：一座屋顶呈凹曲线的小型建筑，带有绿色的格纹，屋顶上的装饰有中国人像。

该建筑建于 1766 至 1782 年间。

这座建筑物现已不复存在。

版画："莫里茨堡的动物园。A. 泰德（A. Thide）实施。"（德累斯顿铜雕刻柜，文件夹 IVa）

Gothein, *History of Garden Art*, vol. 2, pp. 184-186.

Vogel, *Der Chinesische Geschmack in der Deutschen Gartenarchitektur des 18. Jahrhunderts*, in Zeitschrift für Kunstgeschichte, 1932, vol. p. 334.

（慕尼黑）英国花园（ENGLISCHER GARTEN），位于德国慕尼黑。

中国塔：为五层高的开放式木制塔楼，带有弧形屋顶。第二至五层塔楼布满了斜格栅栏，最高层屋顶的顶尖上装饰有球形雕刻物。

在塔的周围分布有几座单层的曲面屋顶建筑，其中有一座是伦福德大厅（Rumford-Saal）。

中国塔由约瑟夫·弗雷（1758—1812）建于 1791 年，其他建筑由约翰·巴普特·莱希（Johann Bapt. Lechner, 1758—1809）建于同年。

中国塔和伦福德大厅现仍尚存。

Laske, *Der Ostasiatische Einfluss auf die Baukunst des Abendlandes*, pp. 99-103.

F. Halibaum, *Der Landschaftsgarten*, 1925, pp. 188-190.

Vogel, *Der Chinesische Geschmack in der Deutschen Gartenarchitektur des 18. Jahrhunderts*, in Zeitschrift für Kunstgeschichte, 1932, vol. 1, p. 334.

（讷伊）圣詹姆斯庄园（LA FOLIE SAINT-JAMES），位于法国巴黎的讷伊。

中国亭（位于冰屋之下）：一座坐落于岩石上的八角形曲面顶亭，宝顶上刻有一座开放式的小型凉亭，八根亭柱支撑起了亭子的锥形屋顶，由格子栏杆环绕着。墙壁装饰上有几何图案和垂直的汉字条纹。每个檐角都挂有铃铛，亭尖点缀有龙形雕刻物。一条带有繁复木格花纹栏杆的小路沿石而上，绕着中国亭延伸。

水上中国亭：该建筑的平面呈正十字形，十字边短而宽。为单拱顶建筑，带有八面小旗和格子栏杆，八条龙龙爪握中式灯笼，盘旋于檐角。墙上装饰有斜格和圆格的图案，四边设有大圆门，亭子直接矗立在水中。

中国亭：建于从讷伊到布洛涅森林的路旁城墙上。

中式桥：直桥，带有格纹扶手，高杆上有四盏灯笼。

中式渡船：一艘带有一座小型方形曲顶亭的船，亭子前后都为敞开式，两边的大圆窗四周都装饰有格纹。

中式花瓶。

圣詹姆斯庄园由弗朗索瓦·约瑟夫·贝朗热（1744—1818）于 1782 年为投机者博达德（Beaudard，被称为海军司库将军圣詹姆斯）建造。

现如今，这座庄园成了布洛涅森林的一部分，庄园中的建筑已经被拆除。

版画：Le Rouge, *Jardins Anglo-Chinois*, cah. 20, no. 9："已故圣詹姆斯先生在讷伊种植的花园总平面图。今天属于普拉斯林公爵"；no. 10："圣詹姆斯先生在讷伊种植的花园。赠送给普拉斯林公爵"；no. 11："草原。讷伊花园。由圣詹姆斯先生建造"；no. 12："覆盖冰川的中国屋的立面图"；Krafft, Maisons de Campagne, pls. 97-98："位于布洛涅森林附近讷伊的一栋房子的总平面图，其建筑师贝朗热先生增加并调整了内外部的建筑，并为圣詹姆斯先生，现为巴桑（Basan）先生，建造了英国花园"；pl. 105："圣詹姆斯的花园套房""中国渡轮""中国洞穴和亭子的立面图"；pl. 106."中国屋的杯子"；pl. 108："中国大桥立面图"；pl. 111："中国亭立面图"。
H. Cordier, *La Chine en France au XVIIIᵉ Siècle*, pp. 64-65.
De Ganay, *Fabriques aux Jardins du XVIIIᵉ Siècle*, in Revue de l'Art, July 1933, vol. 64, no. 347, p. 54.

纽瓦尔德格庄园（**NEU-WALDEGG** 或 **Neu-Waldeck**），位于奥地利维也纳附近的多恩巴赫（Dornbach）。

纽瓦尔德格庄园因雅各布·马蒂亚斯·施穆策尔（Jacob Mathias Schmutzer, 1733—1811）所绘的版画而闻名。

平面图中还包含了一座中国亭。

两座亭子都带有雕花，其中一座为三层高的双平顶亭，没有一处体现出了中式风格，这座亭子的位置似乎与平面图上标注的一致。另一座亭子没有在平面图中被提及，它坐落在一座带有几何图案格栏的小型直桥的一端，是一座双曲顶亭，檐角上翘，有五根平直的亭柱。

在庄园的西部，有四座类似的桥横跨一条小溪，桥两端都有向上的台阶，带有中式的格纹。

这些中式建筑是为了皇家陆军元帅拉西伯爵（Comte de Lacy, 1725—1801）而建造的，建于 1781 年前。

这些亭子现已不复存在。

版画：施穆策尔。柏林艺术图书馆 OS 90, 1586-1590："奥地利维也纳附近的纽瓦尔德格庄园，属于皇家陆军元帅拉西伯爵。曼斯菲尔德（Mansfeld）雕刻"；"第一幅景取自从中国亭向东看纽瓦尔德格庄园。以自然为灵感，由杰克（Jac）雕刻。施穆策尔和他的学生康蒂（Conti）、科尔（Kohl）和佐勒（Zoller），1782 年"；"第二幅景取自从中国亭俯瞰纽瓦尔德格庄园"；"第三幅景取自日落时从中国亭看纽瓦尔德格庄园"。

Prince de Ligne…*Beloeil*, 1781, pp. 58-59.

Mangin, *Les Jardins*, 1867, p. 294.

A. Czullik, *Wiener Gärten im Vorigen Jahrhundert*, 1891, fig. 29.

Kurbatov, *Sady i Parki*, pp. 494, 497.

新维德庄园（NEUWIED），见**蒙特勒波斯庄园（MONTREPOS）**，位于德国的莱茵河段，靠近新维德。

宁芬堡（NYMPHENBURG），位于德国，邻近慕尼黑。

宝塔屋：巴洛克风格的外观和中国风的内部装饰。

宁芬堡建于 1716 年，由弗兰索瓦·德·屈维利埃（François de Cuvilliés, 1695—1768）为了选帝侯马克斯·伊曼纽尔而设计建造。

这座建筑物尚存。

平面图："宁芬堡园中宝塔屋的平面图"。

（屈维利埃 1773 年完整版作品第二卷第 116 号。）

Gothein, *History of Garden Art*, vol. 2, p. 138, fig. 460.

奥利瓦庄园（PARK OF OLIVA），位于德国丹泽市（Danzig）附近。

中国山（Chinese Mount）：树木环绕的小山丘，由栅栏围拢。山丘上有一座中式双曲顶亭，宝顶为球状，有五根平直的亭柱。

中式夏宫（Chinese Summer House）：一座长方形亭，亭前有两棵棕榈树。亭子带有格纹图案的栏杆，亭顶上有一座开放式方形亭。这座开放式方形亭为拱顶，挂有铃铛。

中国庙（**Chinese Temple**）：一座有着拱形门窗的方形亭，有十二根亭柱和格纹扶栏。庙顶的屋檐上有一座小型的开放式双层六角亭，亭顶有一个鸟形雕刻物。

中国岛（**Chinese Isle**）：一条溪流隔断出了一座小岛，一座带有斜格纹的拱桥横跨在小溪上。在小岛的中央立着一把笔挺的阳伞。

默伦多夫将军的凉亭（**General Moellendorf's Belvedere**）：一座开放式八角亭，有单层曲顶，宝顶为一个星形雕塑，亭柱间有格纹栏杆。

这座庄园是由采邑主教卡尔·冯·霍恩索伦（Fürstbischof Karl von Hohenzollern）设计建成的，它于 1792 年完工。卡尔·冯·霍恩索伦是奥利瓦修道院的院长。

以上这些中式建筑现都已不复存在。

图纸：这座庄园的平面图如今被保存在丹泽的国家档案馆（Staatsarchiv），在这张平面图的边缘绘有这些建筑的彩图（复制于 H. Reichow, *Alte Bürgerliche Gartenkunst*, 1927, pp. 43, 48-50）。
Reichow, *Alte Bürgerliche Gartenkunst*, pp. 43-51.

奥拉宁鲍姆（ORANIENBAUM），位于德国安哈尔特区（Anhait）的德绍附近。

中国茶馆：一座建于水面的长方形建筑，建筑有两条走廊，一条走廊通向馆前的花园，另一条走廊通向馆后的水池。建筑为直瓦屋顶，走廊也带有小型屋顶，上层窗户上方的平直屋顶让阳光得以照亮正屋。最高层的屋顶上的屋脊带有弯弯曲曲的檐角，屋顶还有一个由树叶雕刻做顶的风向标，檐角挂有铃铛，屋顶排水天沟的末端有龙头雕刻物。走廊中有不带花纹的棕色廊柱和白色斗拱，窗框上装饰有斜网格纹。整座建筑周围的阳台都带有中式直格纹，墙壁是红砖砌成的，在颜色更深的砖上雕刻有斜线。

钟塔：一座由红砖砌成的五层八角宝塔，带有黑色的曲顶，装饰有白色的格纹图案，图案模仿邱园的建筑。每层楼都有八扇拱形落地窗。第五层比较狭窄，窗户占满了墙壁的空间。塔顶上挂着铃铛，塔尖的宝顶为一把宝伞。这座塔坐落在一座假山上，在假山下有一条通往城镇的隧道。

茶馆周围的中式庄园里有几座带铁栏杆的中式桥，这些桥横跨小溪，连接一个个小小的岩石岛屿。这些中式桥中有两个留存了下来，桥两端都有向上的台阶，桥栏非常低，以至于从远处看这两座桥会显得更大一些，因为从远处眺望的时候没有人能作为它的参照物。

这些中式建筑建于 1795 年，是为了安哈尔特德绍的利奥波德·弗里德里希·弗朗茨公爵（Duke Leopold Friedrich Franz）而建造的。这些中式建筑被认为是公爵的建筑师弗里德里希·威廉·冯·埃尔德曼斯多夫（Friedrich Wilhelm von Erdmannsdorff, 1736—1800）的作品。

中国茶馆、钟塔和两座中式桥如今尚存。

版画："奥拉宁鲍姆的中国房子。由韦勒（Wehle）绘制，由哈尔登旺（Haldenwang）雕刻。德绍铜像学会，1800 年"，德累斯顿铜版画陈列馆 B2103，2；Grohmann, *Ideenmagazin*, vol. 3, no. 25, pl. 2："中国石桥"。

A. Fuchs, *Dessau, Wörlitz und Oranienbaum*, 1843, pp. 156-157.

E. P. Riesenfeld, *Erdmannsdorff*, 1913, p. 84.

（巴勒莫）法沃利塔别墅（VILLA FAVORITA），位于意大利西西里岛（Sicily），邻近巴勒莫。

一座小型城堡，建筑的门廊有六根支柱，屋顶呈明显的凹形曲线。主屋的宝顶有两个小圆锥帽形的雕刻物。建筑的总体结构不是中式的。

这座建筑是为了西班牙波旁公爵那不勒斯斐迪南四世（Ferdinand IV of Naples, 1759—1825）而建。

这座建筑物如今尚存。

Laske, *Der Ostasiatische Einfluss auf die Baukunst des Abendlandes*, p. 112, fig. 96.

帕拉维奇尼（PALLAVICINI），见佩利（PEGLI）帕拉维奇尼别墅（VILLA PALLAVICINI），位于意大利热那亚（Genoa）附近的佩利。

帕雷茨（PARETZ），位于德国波茨坦附近。

中国茶馆或者日本建筑：一座位于假山上的单层八角亭，岩石地基。建筑带有平直的双层屋顶，仅有下层屋顶的檐角略微向上翘。建筑内的窗户为不带装饰的矩形窗，发黄的灰泥墙上装饰有装饰画。

帕雷茨城堡建于 1795 年，是为了普鲁士国王腓特烈·威廉三世（Friedrich Wilhelm III）和普鲁士王后路易丝而建。茶馆建于 1797 年。

这座建筑物如今尚存。

图纸：柏林霍恩佐伦博物馆（Hohenzollernmuseum）的一幅水彩画显示了 1797 年的中国茶馆，由施米茨（Schmitz）复制，pl. IV, 2。

Laske, *Der Ostasiatische Einfluss auf die Baukunst des Abendlandes*, pp. 107-108, fig. 93.

H. Schmitz, *Schloss Paretz*, p. 16.

巴黎中式浴场、新中式浴场（BAINS CHINOIS，NOUVEAUX BAINS CHINOIS），位于法国巴黎的安提恩大道。

这是一座双层大型建筑物，带有两间侧翼。主屋的宝顶上是一座开放式的单层曲顶六角亭，挂有铃铛，颜色为蓝色和红色。沿着第二层楼的房顶有一圈格纹栅栏，栅栏上装饰有几何图案，窗户上的图案更为简单，中间有中文的铭文。

该建筑建于 1792 年以前。

这座建筑物现已不复存在。

版画：Campion, *Vues Pittoresques de Paris*, 1792, no. 102："安提恩大道新式中国浴场的景色"；no. 106："新式中国浴场的内景，塞尔让（Sergent）委托，勒·坎皮恩（Le Campion）之子雕刻"。

"中式浴场，原名东方浴场，位于意大利大道"是否为同一个建筑物这一点存疑。它于 1853 年被摧毁。

P. Cuisin, *Les Bains de Paris*, 1822, pp. 105 ff.

H. Cordier, *La Chine en France au XVIIIe Siècle*, pp. 86-87.

Reichwein, *China and Europe*, p. 67.

（巴黎）中式咖啡馆（CAFÉ DES CHINOISES），位于法国巴黎的皇家宫殿（Palais Royal）。

这家咖啡馆今已不复存在。

Cuisin, *Les Bains de Paris*, p. 105, footnote.

Gordier, *La Chine en France au XVIIIe Siècle*, pp. 87-88.

Reichwein, *China and Europe*, pp. 66-67.

（巴黎）蒙莫朗西饭店（HÔTEL MONTMORENCY），位于法国巴黎的蒙马特大道。

中式亭：为单层曲顶八角亭，亭顶装饰有宝伞。檐角和宝伞的每一个金属环上都挂有铃铛，宝顶上有飞龙和宝珠。亭柱未经修饰，一半的亭柱间设计有大型窗户，窗户由斜格纹装饰。半座亭子跨路而建，由一根支架支撑。亭顶为蓝色，木构件为红色，装饰物为金色。这座亭子由 1803 年逝世的建筑师皮埃尔·卢梭（Pierre Rousseau，去世于 1803 年）为蒙莫朗西·夏蒂伦公爵（Duc de Montmorency-Châtillon）所建。拉鲁日的出版物让它的寿命终止在了 1788 年。

这座亭子在 19 世纪初被拆毁了。

一座中国亭的模型（复制于 De Ganay, *Fabriques aux Jardins du XVIIIe Siècle*, in Revue de l'Art, July 1933, vol. 64, no. 347, p. 55）属于展于巴黎的阿诺·德·贡陶特·比龙伯爵（Comte Arnaud de Gontaut-Biron）的私人收藏，这座模型在多处细节和同时代的图纸有出入。

版画：Le Rouge, *Jardins Anglo-Chinois*, cah. 20, no. 15:"蒙莫朗西花园大道上的中国亭立面";
Campion, *Vues Pittoresques de Paris*, no. 59:"蒙马特大道上蒙莫朗西公馆的中国亭。塞尔让委托，盖奥特（Guyot）雕刻"（彩色）。
H. Cordier, *La Chine en France au XVIIIe Siècle*, p. 73.
De Ganay, *Fabriques aux Jardins du XVIIIe Siècle*, in Revue de l'Art, July 1933, vol. 64, no. 347, pp. 54-56.

（巴黎）蒙索公园（PARC MONCEAU），见蒙索（MONCEAU），位于法国巴黎。

（巴黎）布洛涅森林（BOIS DE BOULOGNE）的圣詹姆斯庄园（PARC ST. JAMES），见（讷伊）圣詹姆斯庄园（LA FOLIE SAINT-JAMES），位于法国巴黎的讷伊区。

（巴黎）中国风宴会厅（REDOUTE CHINOISE），位于法国巴黎圣劳伦特郊区（Faubourg St. Laurent）的圣劳伦特博览会（Foire St. Laurent）。

旋转木马: 一大篮花中竖着一把阳伞，伞面弯曲，上面挂着许多铃铛。一只猴子挂在伞间。供游客使用的圆形座椅略呈 S 形曲线。

坐像: 在一个低矮的小底座上站着两个巨大的中国男人和女人，他们手中握着秋千绳。座位呈贝壳状，装饰有中式面具、盔甲、箭、旗、小号等。

中国风宴会厅是圣劳伦特博览会的一部分，在 1781 年至 1785 年间，每年 6 月开放。这些建筑是由建筑师梅兰（Mellan）设计的，弗朗索瓦·贝蒂尼有可能设计了上述这些游乐设施。

现如今，这座舞厅已经荡然无存。

版画: Le Rouge, *Jardins Anglo-Chinois*, cah. 11, no. 16:"博览会上的中国风宴会厅"，贝蒂尼绘制;
no. 20:"旋转木马。巴黎的中国宴会厅"。
L. V. Thiery, *Almanach du Voyageur à Paris*, 1785, pp. 245-246.
C. Ruggieri, *Précis Historique sur les Fêtes*, 1830, pp. 83-84.
H. Cordier, *La Chine en France au XVIIIe Siècle*, pp. 89-90.
Reichwein, *China and Europe*, p. 67.

（佩利）帕拉维奇尼别墅（VILLA PALLAVICINI），位于意大利热那亚附近的佩利。

一座中式开放亭，带有夸张的双层曲面亭顶，装饰有铃铛和宝伞。这座亭子坐落在一个小岛上，两座带有中式格纹栏杆的拱桥连接了小岛和对岸。

建于 1837 年。

这些建筑物如今尚存。

Laske, *Der Ostasiatische Einfluss auf die Baukunst des Abendlandes*, p. 113, fig. 97.

（皮尔尼茨）皮尔尼茨宫（SCHLOSS PILLNITZ），邻近德国的德累斯顿，位于易北河流域。

河畔宫殿、山区宫殿：这是两座完全相同的宫殿，河畔宫殿依河而建，山区宫殿正面朝向河畔宫殿的花园一侧。为双层的长条形建筑，由几座铜质曲面屋顶的建筑组成，中间的主屋为双层屋顶，两边的侧翼为单层屋顶。宫殿内设计有方形窗户和拱形门，巴洛克式的房柱，屋顶下有翘起的深色飞檐，烟囱被伪装成带有弯曲尖顶的小型塔楼。描绘中国风景的浮雕式灰色装饰画点缀在飞檐以及主屋的各扇门之间。

易北河上有几艘游船，每艘船船尾雕刻着一条飞龙，一个小天使骑在龙背上。这些船带有不同颜色，包括绿色、白色和金色。

在园林内，中式柱子和旋转木马的内部装饰都带有中国风。

河畔宫殿建于 1720 年，由波佩尔曼（1662—1736）和扎卡赖斯·隆库伦（Zacharias Longuelune, 1669—1748）为波兰国王奥古斯都二世所建，被称为印度风花园宅邸。

山区宫殿建于 1723 年，船只和园林内的装饰性建筑都建于同一时期。

这座宫殿如今依然存在，但是园林里的装饰性建筑已经不见踪影。其中一艘船被保存在德累斯顿的约翰纽姆博物馆（Johanneum）。

版画：几幅由马特·恩格尔布雷希茨（Mart Engelbrechtz）所绘的皮尔尼茨宫版画被保存在德累斯顿美术馆，"Nähere Umgebung von Dresden, Mappe IVa"，一个是 1726 年的。Blatt no. 12："平面图。"

中国亭：一座单层方形亭，带有双层曲面亭顶。向外延伸的下层亭顶由带有伸壁柱头的无花纹亭柱支撑，屋檐下装饰有斜格花纹，两层亭顶间的窗户上装饰有中国式格纹。风向标为龙形，屋顶由金属板铺成，木亭柱外包裹着布。屋顶为红色，亭柱和花格为棕色，柱头为白色。

室内：描绘"中国"风景的壁画。

中国亭由弗里德里希·舒立克特（Friedrich Schulricht, 1753—1815）建于 1804 年。
这座建筑物如今尚存。

H. Koch, *Sächsische Gartenkunst*, 1910, pp. 374-375, fig. 285.

Vogel, *Der Chinesische Geschmack in der Deutschen Gartenarchitektur des 18. Jahrhunderts*, in Zeitschrift für Kunstgeschichte, 1932, vol. 1, pp. 334 ff., fig. 15.

（波茨坦）新式花园（NEW GARDEN），位于德国波茨坦海利根湖（Heiligen See）。

中式伞：长椅上方的中式阳伞，装饰有铃铛和宝伞。

建于腓特烈二世的统治时期，大约是 19 世纪的最后十年（1787 年后）。
这座建筑物如今尚存。

Laske, *Der Ostasiatische Einfluss auf die Baukunst des Abendlandes*, pp. 84-85, fig. 77.

Reichwein, *China and Europe*, p. 61.

Rumpf, *Berlin und Potsdam*, vol. 2, p. 175.

波茨坦无忧宫（POTSDAM SANS SOUCI）的无忧宫园林（Park of Sans Souci），位于德国柏林附近的波茨坦。

日本屋（详见第五章）。

由约翰·戈特弗里德·贝林（Johann Gottfried Büring，生于 1723 年）于 1754 至 1756 年间为腓特烈二世所建。

这座建筑物如今尚存。

图纸：柏林铜版画陈列馆（Kupferstichkabinett）的波茨坦文件夹：日本屋的平面图和立面图，钢笔淡彩画，无签名，无日期；"无忧宫的日本屋"，水彩，E. 巴特（E. Barth）绘制。

版画：Schleuen, *Recueil de Tous les Bâtimens et du Nouveau Palais Royal de Sans-Souci... Potsdam*, 1774, pl. 6（34）："波茨坦附近无忧宫的日本屋前景"（复制于 H. Huth, *Der Park von Sanssouci*, 1929, p. 15）。

平面图：同上，"波茨坦市的平面图"；F. Z. Saltzmann, *Erklärung eines in Kupfer gestachenen Hauptplans von Sans-Souci und Neuem Palais, wie auch allen dazugehörigtn Gebäuden und Gartenpartien*, 1772："无忧宫的平面图……国王的园丁 F. Z. 萨尔茨曼（F. Z. Saltzmann）绘制，施卢恩（Schleuen）雕刻"；"皇宫平面图，波茨坦，1786……C. L. 厄斯费尔德（C. L. Oesfeld）委托。柏林和斯德丁（Stettin），作者尼古拉女士（Fr. Nicolai）"。

中式厨房：一座屋顶略呈曲面的长方形建筑，带有六角形窗户。方形复折屋顶窗之上的窄屋顶呈凹形，石板屋顶上安置着五个中国人像。

这座厨房建于 1763 年，离日本屋不远。

这座建筑物如今尚存，但上面的中国人像和大部分装饰纹都已无迹可寻。

龙宫：龙宫是一座四层八角形宝塔。四条直边和四条凹边交替相接。弯曲的金属屋顶的每个檐角上都装饰有一条龙。第一层面积巨大，其他楼层是开放式的木结构。带有拱形的门窗，塔尖上冠以宝珠。龙宫由卡尔·菲利普·克里斯蒂安·冯·贡塔德（Karl Philipp Christian Gontard, 1731—1791）建于 1769 至 1770 年间，作为腓特烈二世的园丁之家而被设计建造。

这座建筑物如今尚存。

图纸：柏林铜版画陈列馆的波茨坦文件夹。铅笔绘制的观景楼图的背景中包含了龙宫。平面图见日本屋。

H. L. Manger, *Baugeschichte von Potsdam*, 1789, pp. 237, 263, 342, 455, 787, and 790.

Rumpf, *Berlin und Potsdam*, vol. 2, pp. 121 ff.

Prince de Ligne, ... *Beloeil*, p. 61："……中国亭很漂亮。"

Reichwein, *China and Europe*, pp. 62-63.

Huth, *Der Park von Sanssouci*, pp. 61-63.

Vogel, *Der Chinesische Geschmack in der Deutschen Gartenarchitektur des 18. Jahrhunderts*, in Zeitschrift für Kunstgeschichte, 1932, vol. 1, p. 324.

朗布依埃（**RAMBOUILLET**），位于法国巴黎的西南部。

异国风格亭子：一座八角亭，单层屋顶，亭尖有一把挂着铃铛的小阳伞，再之上有一个没有链子的薄宝顶。屋角上有八条有翼的飞龙，墙壁上装饰着几何图案。这座亭子矗立在一块岩石上，岩石下是一条小河的源头。两条栏杆不带图案的楼梯通往这座亭子。

栏杆：装饰有复杂格纹的柱状栏杆。

朗布依埃的英国花园由彭蒂耶夫尔公爵于 1780 年设计。这座亭子可能是同年或不久后建成的。拉鲁日（Le Rouge）在 1784 年的出版物给了我们一个这座亭子可能建成的最终时间。

这个亭子现已不复存在了。

版画：Le Rouge, *Jardins Anglo-Chinois*, cah. 11, no. 1："朗布依埃亭子的景色"，贝蒂尼从大自然中汲取灵感；cah. 12, no. 18："朗布依埃的栅栏"。

De Ganay, *Fabriques aux Jardins du XVIIIe Siècle*, in Revue de l'Art, July 1933, vol. 64, no. 347, p. 54.

拉内拉赫花园（**RANELAGH GARDENS**），位于英国伦敦。

中式建筑： 为开放式长方形亭，矗立在运河中，四个方亭错落有致地坐落在长方形主厅的角落屋顶上方。大厅的屋顶笔直而低矮，而亭顶则有尖角、呈弧形。木亭柱顶有面具。栏杆上装饰有中式斜格，背景为实心木板。建筑带有棕色、灰色、红色和金色。

这座中式建筑建于 1750 年左右（1751 年之前），是伦敦流行的度假胜地的景点之一。这座建筑物现已不复存在。

版画："拉内拉赫花园中的运河、中式建筑、圆形大厅等与化装舞会的景观。"根据议会法案出版，格里尼翁雕刻。（一份复制品收藏于大英博物馆印刷品与绘画部，P, XIII, 69, 1880, 1113, 2450。在"议会法案"后面用铅笔写着"1751 年 12 月 2 日"。在巴黎装饰艺术博物馆，同样的印刷品的标题下标有 1752 年的日期。）Le Rouge, *Jardins Anglo-Chinois*, cah. 6, no. 7："拉内拉赫的亭子。"

中国风宴会厅（REDOUTE CHINOIS），见（巴黎）中国风宴会厅（REDOUTE CHINOISE），位于法国巴黎圣劳伦特郊区的圣劳伦特博览会。

雷茨（RETZ），见雷茨蒙维尔荒漠园（DÉSERT DE MONVILLE, de Retz），位于法国，邻近巴黎的马尔利森林。

赖因斯贝格（RHEINSBERG），位于德国的勃兰登堡（Brandenburg）。

中国屋（详见第五章）。
由朗纳（Langner）于 1765 年为普鲁士的海因里希王子（Prince Heinrich）所建。

中国渔屋（Chinese Fishing House）： 矗立在水中的四角亭，带有条纹屋顶，屋檐向外突出，略带弧度，冠以中式格廊，高杆上有另外的小型锥形屋顶，顶上装饰有铃铛和龙。墙壁上装饰有皇家装饰品，中式格廊环绕着整个建筑。
由庄园主人霍夫曼（**Kammerdirector Hoffmann**）于 1768 年建造。

中国屋： 位于雷穆辛塞尔，为双层长方形的曲顶建筑，檐角上装饰有龙，屋脊有陡峭的弯角，二楼周围有格廊，带方形窗户。
由冯·卡芬斯特少校（Major von Kaphengst）建于 1771 年。

中国寺庙： 位于雷穆辛塞尔；一座开放式六角亭，带有双层直顶，由柱子支撑。檐角挂有铃铛。
由卡尔·威廉·亨纳特中尉（Lieut. Carl Wilhelm Hennert, 1739—1800）建于 1773 年。

中国码头（**Chinese Boat Landing**）：位于雷穆辛塞尔；码头有两根高柱，柱顶上装饰有爪握香炉、锁链和铃铛的龙。带有格纹图案。

由亨纳特中尉（Lieut. Hennert）建于 1773 年。

中式帐篷：有关描述请参阅 C. W. Hennert. *Beschreibung des Lustschlosses und Gartens… zu Reinsberg*, 1778。

由亨纳特为亨利王子（Prince Henry）建于 1774 年。

鸡舍（**Chicken House**）：有关描述请参阅 C. W. Hennert. *Beschreibung des Lustschlosses und Gartens… zu Reinsberg*.

由亨纳特为亨利王子建于 1774 年。

中式园亭；中式大门；英国花园中的中式桥梁：有关描述请参阅 C. W. Hennert, *Beschreibung des Lustschlosses und Gartens… zu Reinsberg*.

赖因斯贝格所有的中式建筑都已不复存在。

Ekel, *Plans et Vues du Château, du Jardin et de la Ville de Reinsberg*, 1773: "渔屋的平面图和景观"; Hennert, *Beschreibung des Lustschlosses und Gartens… zu Reinsberg*, 赖因斯贝格和雷穆辛塞尔的平面图; J. Morino, *Sammlung Romantischer Partien im Garten S. K. H. des Prinzen Heirtrich von Preussen zu Reinsberg und den umliegenden Gegenden*, after 1786: "雷穆辛塞尔的中国亭和渔屋"。
Hennert, *Beschreibung des Lustschlosses und Gartens… zu Reinsberg*, pp. 55-57.
Prince de Ligne, … *Beloeil*, 1781, pp. 61, 62.

罗曼维尔（**ROMAINVILLE**），位于法国巴黎东部。

中国亭：开放式六角亭，有六根亭柱，双层曲面亭顶。格廊的图案和两层亭顶之间的格纹不是中式的。两层亭顶上都挂有铃铛，第二层亭顶上装饰有一条没有翅膀的龙，这条龙被一支箭所射穿。

这座亭子建于 1781 年以前。

这座亭子现已不复存在。

版画：Le Rouge, *Jardins Anglo-Chinois*, cah, 1, no. 1: "献给塞古尔（Segur）侯爵部长兼战争国务秘书的罗曼维尔花园"; no. 2: "罗曼维尔的各种装饰"，包括"中国亭的立面图"; cah. 12, no. 10: "罗曼维尔城堡和花园的景观"。

鲁尔蒙德（**RUREMONDE**），位于比利时的林堡（Limbourg）。

德鲁伊迪克祭坛：这个名字指的是古罗马城墙的遗迹，中国亭就建在这个城墙上，作为一座观景楼。这座亭子是一个两层方亭，第一层比第二层大，有两层曲面亭顶，在檐角都挂有铃铛，亭顶上装饰有一个鹳巢。两层楼都是开放式的，有不带雕花的斜格纹栏杆。

这座亭子是在 1800 年前后建造的。

这座亭子现已不复存在。

版画：J. J, de Cloet, *Châteaux et Monumens des Pays-Bas*, [1826?], vol. 1, no, 105："鲁尔蒙德附近的德鲁伊迪克祭坛。A. F. 范阿弗登（A. F. van Afferden）设计。"

伦敦圣詹姆斯庄园（ST. JAMES PARK），见（伦敦）圣詹姆斯庄园（ST. JAMES PARK），位于英国伦敦。

无忧宫（SANS SOUCI），见波茨坦无忧宫（POTSDAM SANS SOUCI）的无忧宫园林（Park of Sans Souci），位于德国柏林附近的波茨坦。

桑特尼（SANTENY），位于法国巴黎东南部。

中式浴场：矗立在一个平台上的长方形平房，单层屋顶，四角弯曲，狭窄的一面装饰有小型山花纹饰，门两旁的墙都饰有中国龙的图案。平台四周的栏杆上没有格纹；这是在模仿中式大理石栏杆。

由弗朗索瓦·约瑟夫·贝朗热在他自己的庄园中建造。

这座建筑现已不复存在。

版画：Krafft, *Maisons de Campagne*, pl. 31："贝朗热在桑特尼的庄园（包括房子、谷仓、花园）的总体规划, Seine et Oise 部门；这些物品是在贝朗热的指导下制造的"；pl. 36:"泉水旁的中国浴场"。
H. Cordier, *La Chine en France au XVIII* *Siècle*, pp. 64-66.

斯科南贝格（SCOONENBERG），位于比利时布鲁塞尔附近。

宝塔：为十层八角塔。每层塔都由带有中式格纹的走廊环绕，仅为曲面屋顶留下了一点点狭窄的空间，每层的屋檐都挂着铃铛。每一层楼的面积都是相同的，只有最后一层的走廊相比其他楼层的更向外突出。塔顶是带有花卉装饰的大型宝顶，每一层塔都有八扇拱形落地窗。

橘园，位于宝塔前：单层曲面屋顶的长方形建筑，屋檐的四角和檐边都挂有铃铛，围成了一圈。房顶的中央要高一些，形成了一个平台，平台上有中式格纹的栏杆。屋内有高高的拱形落地窗。

这些建筑建于 1792 年以前。

宝塔和橘园都已不复存在。

版画："斯科南贝格庄园中宝塔和橘园的景色，属于荷兰总督陛下，由他们最卑微和顺从的仆人乔瑟夫·扎马（Joseph Zama）献上，1792 年"；"房屋以及斯科南贝格庄园局部的风光。勒弗布雷（Le Febre）委托，S. 米迪南（S. Middinan）雕刻"。

斯坦福德（STEINFORT），位于德国威斯特伐利亚州（Westphalia）芒斯特（Münster）附近的霍利希城堡（Castle Hollich）西南部。

巴格诺宫（Bagno）中包含有一座中国宫（Chinese Palace），屋顶呈弧形，装饰有几何图案，中式的格廊上挂着灯笼，一间以棕榈树为房柱的"中国沙龙厅"（Sallon Chinois），屋顶上装饰着宝伞、龙和铃铛。林间的格廊里有中国人坐像。在瀑布旁有一艘双层曲屋顶的渡船，由棕榈树支撑，装饰有斜格图案。瀑布旁还有一座塔和一座亭子，亭子建在岩石上，显露出了一些中国风对它的影响。阿（Aa）河上另有几座中式桥。

这座混杂了英、法、中三种风格的花园由路德维希、本特海姆（Bentheim）和施泰因福特（Steinfurt）王子设计于 1780 年至 1787 年间。

这些中式建筑今已不复存在。

版画：Le Rouge, *Jardins Anglo-Chinois*, cah. 18-19, no. 21："中国灯饰"；no. 23："画廊和中国水景"；no. 24："中国宫殿与王府"；no. 25："中国宫杯"；no. 29："广场和中国沙龙的景色"；no. 30："大型中国沙龙"；cah. 21, no. 3："施泰因福特大瀑布的景色"；cah. 18, no. 1："威斯特伐利亚州明斯特附近施泰因福特的中英法风格花园巴格诺宫的描述"。

A. Ludorff, *Die Bau- und Kunstdenkmäler von Westfalen*, 1904, p. 22.

H. Cordier, *La Chine en France au XVIIIᵉ Siècle*, p. 75.

（斯特拉斯堡）特勒特尔先生的花园（GARDEN OF MR. TREUTTEL），位于法国阿尔萨斯（Alsace）的斯特拉斯堡。

中国亭：一座二层八角亭，单层曲面屋顶，挂着铃铛，亭顶冠以呈坐姿的中国人像雕塑，有的在抽烟斗，有的在打伞。亭子二楼的走廊雕刻有复杂的中式格纹，走廊由八根棕榈树柱支撑。通往这座亭子的台阶也带有中式格栏。亭子的门窗以两条 S 形曲线收尾。

这座亭子由维尔茨博士（Dr. Würtz）建造，建于 1800 年前后。

这座亭子现已不复存在。

版画：J. C. Krafft, *Plans des Plus Beaux Jardins Pittoresques*, pl. 89.

同上, text p. 51.

萨尔斯科耶·塞洛（TSARSKOIE SELO），位于俄罗斯列宁格勒（Leningrad，现称圣彼得堡）附近。

中国村：十八座小房子，在这些房子中间有一座小型寺庙和一座六角宝塔。

中国村始建于 1764 年，由叶卡捷琳娜二世（Catherine II）指派英式景观设计师建造。宝塔始建于 1779 年，但在 1796 年叶卡捷琳娜二世去世时仍未竣工。

这些中式建筑的设计平面图由卡梅伦绘制。

沙皇保罗（Tsar Raul）下令拆除这座宝塔，但该命令没有得到执行。1818 年，斯塔索（Stassow）用一种更小更简单的设计完成了宝塔的建造。

大随想亭（Grand Caprice）：八根爱奥尼亚式的亭柱支撑着一个弧形屋顶，亭顶有尖角，檐角翘起。这座亭子坐落在一座山顶上，一条通往列宁格勒（现称圣彼得堡）的隧道从这座山中穿过。

这座亭子始建于 1770 至 1773 年，贾科莫·夸伦吉（Giacomo Quarenghi, 1744—1817）在 1789 年将这座亭子建为现在的样子。

斯克里普查亚亭（Scripoutchaja Pavilion）：中间部分有主门，门上有窗，中心有一个带弧形屋顶的圆柱亭，这个亭子的顶部也有一个同样结构的带有风向标的小亭子。两边带窗户的平屋顶侧翼有四根柱子，两边有更低矮的侧翼，侧翼的两边有两扇拱门。有台阶从正门通往湖畔。

这座亭子是夸伦吉在叶卡捷琳娜二世统治时期建造的。

在这座英国花园里有中国桥，有刻有中国人物的直桥，还有位于运河交叉点上的十字交叉桥（Pont à Croix）：两座装饰有中式格纹的拱桥横跨水面，中间有一座中式六角亭。

十字交叉桥由贾科莫·夸伦吉设计，在叶卡捷琳娜二世统治时期建造。

除了中国村的十八座房屋中的几座外，这些中式的园林建筑在 1916 年时仍然存在。

Prince de Ligne, … *Beloeil*, p. 95："一块比英国的草坪、桥和中国的山墙还要漂亮的草坪：这就是这个世界上最有趣的花园。"

Mangin, *Les Jardins*, p. 301："随想亭"的复制品。

Jäger, *Gartenkunst und Gärten*, p. 346, fig. 147：随想亭。

Kurbatov, *Sady i Parki*, pp. 517, 523 ff., 532, 538 ff.

特威克纳姆（**TWICKENHAM**），位于英国米德尔塞克斯（Middlesex）的泰晤士河流域。

中国塔： 水边一座巨大的石塔上矗立着一座单层曲顶八角亭。亭子长而弯曲的屋角上挂着铃铛，有拱形的落地窗。楼梯栏杆和亭子周围的格栏上的格纹没有体现出明显的中国特色。

这座中国塔是拉德诺勋爵庄园的一部分，建于 1756 年前。

这座建筑物现已不复存在。

版画："特威克纳姆的景观。J. H. 明茨（J. H. Müntz）1756 年委托。J. 格林（J. Green）雕刻。"（温莎城堡皇家图书馆）

J. H. Pye, *Peep into the Principal Seats and Gardens in and about Twickenham*, 1775, pp. 9-10.

维尔纳内斯（**VÄRNANÄS**），位于瑞典斯莫兰（Småland）。

中式园林建筑： 单层六角形建筑，带有双层弧形屋顶。门、门侧的窗户和屋檐下的一排窗户都装饰有几何格纹。

该建筑建于 1800 年前后（在 1827 年之前）。

这座建筑物如今尚存。

A. Hahr, *Värnanäs*, in Svenska Slott och Herresäten, 1909, vol. 2, p. 132.

法伊茨赫夏伊姆（**VEITSHÖCHHEIM**），位于德国巴伐利亚州（Bavaria），邻近伍尔茨堡。

中国屋，或称印度庙： 两座开放式的亭子，每个亭子有四根砂岩棕榈柱，金属板屋顶，顶部冠以花卉装饰，檐角上雕刻有菠萝。石质桌椅。

该建筑由费迪南德·迪茨（大约去世于 1780 年）于 1768 年为亚当·弗里德里希·冯·塞恩斯海姆主教（Princebishop Adam Friedrich von Seinsheim）所建。

这些建筑物如今尚存。

F. Mader, *Kunsldenkmäler*, 1911, vol. 3, III, pp. 180-182, 203.

Vogel, *Der Chinesische Geschmack in der Deutschen Gartenarchitektur des 18. Jahrhunderts*, in Zeitschrift für Kunstgeschichte, 1932, vol. 1, pp. 325-326, fig. 4.

（凡尔赛）小特里亚农宫（**PETIT TRIANON**），位于法国的凡尔赛园林（Park of Versailles）。

旋转木马：三个铅制的中国人像拿着一把黄色的大阳伞，上面有两条镀金的龙。有八张游戏座椅，分别为四条龙和四只孔雀。

旋转木马的一侧有一个半圆形的走廊，连接着三个亭子；这些亭子带有双层曲面屋顶，装饰着龙、花环和铃铛。这些亭子色彩缤纷，有黄、绿、红、蓝、黑和白几种颜色。英式花园里的桥梁是由未经打磨的粗糙石块砌成的。

1776年，路易十六的王后玛丽·安托瓦妮特下令在小特里亚农宫复刻蒙索的旋转木马。木工部分是由博奇尔迪（Bocciardi）完成的。这座旋转木马于王后下令的当年就完工了。旋转木马周围的长廊建于1781至1782年，石桥可能是在1774至1775年间修建英式花园时建造的。

1805年，旋转木马在拿破仑的命令下被修复。

这座建筑现已不复存在。

复制品：小特里亚农宫的女王旋转木马，属于玛丽·安托瓦妮特，帕门蒂尔（Parmentier）收藏。巴黎艺术出版协会复制。

平面图：Le Rouge, *Jardins Anglo-Chinois*, cah, 10, no, 1: "特里亚农宫的王后花园，1783年。"

G. Desjardins, *Le Petit Trianon*, 1885, pp. 76-78, 224-225.

Cordicr, *La Chine en France au XVIIIe Siècle*, p. 91.

Triggs, *Garden Craft in Europe*, p. 300.

（凡尔赛）特里亚农瓷宫（**TRIANON DE PORCELAINE**），位于法国的凡尔赛园林。

有一座单层的矩形中心亭，另有两座位于侧面的凉亭，三座亭子与主屋成直角，并通过带有门的围墙与之相连。亭子为复折式屋顶，用赤陶砖装饰，有大型矩形窗。

由路易·勒沃（Louis LeVau, 1612—1670）或他的合作者之一为路易十四而建，建于1670至1672年。

特里亚农瓷宫于1687年被拆毁。

版画："凡尔赛特里亚农宫的景象。A. 佩雷尔（A. Perelle）委托。"

A. Félibien, *Description Sommaire du Chasteau de Versailles*, 1674, p. 104.

De Préchac, *Contes moins Contes*, 1698, p. 48.

H. Belevitch-Stankevitch, *Le Goût Chinois en France*, 1910, pp. 99-100.

H. Cordier, *La Chine en France au XVIIIe Siècle*, pp. 25-28.

Reichwein, *China and Europe*, p. 60.

法沃利塔别墅（**VILLA FAVORITA**），见（巴勒莫）法沃利塔别墅（**VILLA FAVORITA**），位于意大利，邻近巴勒莫。

帕拉维奇尼别墅（VILLA PALLAVICINI），见（佩利）帕拉维奇尼别墅（VILLA PALLAVICINI），位于意大利热那亚附近的佩利。

弗吉尼亚湖（VIRGINIA WATER），位于英国，邻近温莎。

描绘弗吉尼亚湖的多幅作品（温莎城堡皇家图书馆：温莎城堡和邻近地区的草图）彼此不一致，因此，对于这些中式建筑的描述不是很准确。

中国船屋： 位于中国岛；一座带有简单斜格栏杆的小桥从岸边通往小岛。一座大型中心亭和两座较小的多边形亭子相连，都为单层曲面屋顶，冠以挂有铃铛的阳伞雕刻物。墙壁和窗户上装饰有几何图案。

中国亭，或称陛下渔亭，或称海洋亭（Marine Pavilion）：一半的建筑建在水面上，亭柱支撑着曲面亭顶，亭顶有格栏以及一座小型由圆柱支撑的曲顶亭。花园一侧的屋顶有两个相似的亭子，只是低矮一些。这三座亭子的亭尖都为盘绕的蛇。整个建筑物周围有一道格子篱笆。

该建筑是为乔治四世（George IV）建造的，可能是建于十九世纪的第二或第三个十年，早于 1828 年。

这座中式建筑今已不复存在。

版画：河景，德拉莫特（Delamotte）于 1828 年创作；"弗吉尼亚湖上的景观，W. 丹尼尔（W. Daniell）绘制和雕刻"；"国王的海洋亭，伦敦，由 Geo. Virtue 出版"。

图纸由德拉莫特于1836年绘制，收藏于温莎城堡皇家图书馆：弗吉尼亚湖的平面图；"中国船屋"，铅笔绘制；"中国亭"，铅笔绘制。

中式游船（Mandarin Yacht）：大型游艇，船身画有带翅膀的飞龙，带格栏。船有带弧形屋顶的四角船舱，船舱有格纹图案的大窗户。船的条纹篷顶上装饰着铃铛、两只海豚雕刻物，以及一把挂着铃铛的阳伞，此外还有一只蚱蜢站在一根月牙状的避雷针上。游艇上挂着几个灯笼和彩带，船身有四十多英尺（约十几米）长。

这艘中式游艇是为了坎伯兰公爵（Duke of Cumberland）建造的，建于1753年前。

这座建筑现已不复存在。

版画："温莎郡坎伯兰公爵殿下的汉语艇和观景台的景色……J·海恩斯（J. Haynes）委托与雕刻，并根据国会法案于 1753 年 12 月 10 日出版"；"弗吉尼亚湖北侧靠近庄园小屋的景色。1772 年 3 月 2 日由伦敦城的雕刻家约翰·博伊德尔（John Boydell）出版，由 T. 桑比（T. Sandby）描绘，P·桑比（P. Sandby）雕刻"；Le Rouge, *Jardins Anglo-Chinois*, cah. 4, no. 12："温莎庄园里的中国船"。

图纸：T. 桑比，"温莎庄园的一艘船"，可能是 1772 年印刷品的草图（温莎城堡皇家图书馆）。

弗吉尼亚湖上的大桥：一座单拱长桥，素色斜格栏杆。

这座桥建于 1772 年以前。

这座桥现已不复存在。

版画："弗吉尼亚湖上的大桥。1772 年 3 月 2 日由伦敦城的雕刻家约翰·博伊德尔出版，由 T. 桑比描绘，P. 桑比雕刻"；Le Rouge, *Jardins Anglo-Chinois*, cah. 6, no. 2："弗吉尼亚湖上的大桥。温莎庄园"。

瓦特兰（WATERLAND），位于荷兰费尔森（Velsen）附近。

中国桥：单拱桥，带有斜格栏杆。

这座桥建于 1796 年以前。

版画：Numan, *Vierentwintig Printteekeningen*, 1797；"瓦特兰的中国桥。"努曼（Numan）雕刻，1796 年。

魏玛（WEIMAR），位于德国。

魏玛公园中有一座仿照中国石桥的拱桥，带台阶，从十八世纪末开始就存在于公园里。

白骑士（WHITE KNIGHTS），位于英格兰的伯克郡（Berkshire），靠近雷丁（Reading）。

描述见 B. W. Hofland, *A Descriptive Account of the Mansion and Gardens of White-Knights*, 1819, p. 59："在植物园里……中国寺庙……这座寺庙为六边形，顶部用两种绿色的屋顶覆盖，效果很好。它由六个拱门支撑，每一个拱门都被铁线连的一个独特品种缠绕，屋内有座位和乐架。"

1798 年，白骑士庄园成为马尔伯勒公爵（Duke of Marlborough）的领地，马尔伯勒公爵根据霍夫兰夫人（Mrs. Hofland）的描述设计了园林。

威廉姆舍赫（WILHELMSHÖHE），位于德国，邻近卡塞尔。

穆朗，一个中国村庄，有谷仓、马厩、奶牛场，还有为在这个农场工作的人提供的住宅：住的都是黑人妇女，因为没有中国人。这些房子的窗户上挂着弧形的装饰物，屋子被漆成鲜艳的颜色。

作为主楼的宝塔是一座圆形单层八角凉亭，带圆柱形门廊和双层弧形屋顶。窗户的卷边上装饰有中式格纹。檐角和塔尖都带有叶子状的装饰，金属板屋顶被漆成红色。

中国村始建于 1781 年，由黑森-卡塞尔的兰德格拉夫·弗里德里希二世建立（Landgraf

Friedrich II）。建筑师可能是杜瑞（S. L. Du Ry）。1797 年竣工。

这座宝塔以及一些小型建筑如今尚存。

Hirschfeld, *Theorie der Gartenkunst*, vol. 5, p. 233.

A. Holtmeyer, *Die Bau- und Kunstdenkmäler im Reg. Bez. Kassel*, vol. 4, 1910, pp. 287 ff.

Reichwein, *China and Europe*, pp. 121-122.

K. Paetow, *Klassizismus und Romantik auf Wilhelmshöhe*, 1929.

Vogel, *Der Chinesische Geschmack in der Deutschen Gartenarchitektur des 18. Jahrhunderts*, in Zeitschrift für Kunstgeschichte, 1932, pp. 326-327.

威廉姆斯塔尔（WILHELMSTAL），位于德国，靠近卡塞尔。

日本屋：前面有棕榈树的凉亭。

该建筑建于 1750 年左右。

它们在十八世纪末被拆除。

Vogel, *Der Chinesische Geschmack in der Deutschen Gartenarchitektur des 18. Jahrhunderts*, in Zeitschrift für Kunstgeschichte, 1932, pp. 321, 324.

（温莎）弗吉尼亚湖（VIRGINIA WATER），见弗吉尼亚湖（VIRGINIA WATER），位于英国，邻近温莎。

沃本修道院（WOBURN ABBEY），位于英国英格兰地区的贝德福德郡（Bedfordshire）。

中式奶牛场（Chinese Dairy）：带柱廊的方形建筑，直屋顶有翘起的檐角，有山花饰和一个小型的带曲面尖屋顶的中央塔楼。门廊带有扇形屋顶和不带雕花的斜格栏杆，同样的斜格纹也出现在门廊的柱子间。屋顶为蓝色，柱子为棕红色。

这个奶牛场是亨利·霍兰德（Henry Holland, 1740—1806）于 1789 年为贝德福德公爵弗朗西斯（Francis）建造的。

版画："致贝德福德公爵殿下，这幅对沃本修道院奶牛场的风景描绘图是由他忠实而谦逊的仆人雷顿（W'm Raddon）献给您的，这幅图由已故的伍利特先生（Mr. Woollett）的学生 T. 莫里斯（T. Morris）绘制和雕刻。1803 年 2 月由雷顿在伦敦出版。"（温莎城堡皇家图书馆）

H. Repton, *Enquiry into the Changes of Taste in Landscape Gardening*, 1806, p. 12.

H. Repton, *Fragments*, 1816, p. 168.

P. F. Robinson, *New Vitruvius Brilannicus*, 1833, p. 16.

沃利茨（WÖRLITZ），位于德国，靠近德绍。

日本吊桥： 悬挂在链子上，连接几座假山。

这座桥建于 1780 年，是为了安哈尔特德绍的利奥波德·弗里德里希·弗朗茨公爵所建。

Singer, *Gärten aus alter Zeit*, 1926, p. 7.

韦斯特花园（WREST PARK），位于英国英格兰地区的贝德福德郡。

中国宝塔： 一座开放式方亭，带双层曲面屋顶，装饰有龙形雕刻物和铃铛。屋顶间有蜿蜒的褶皱，檐角处有几何图形的装饰。

这座中国宝塔大约建造于 1758 年至 1760 年，也就是哈德威克伯爵菲利普（Philip, Earl of Hardwicke）下令建造这座花园的同一时期，这座花园由兰斯洛特·布朗（Lancelot Brown）设计建造。这座中国宝塔被认为是钱伯斯的作品，但没有证据可以证明这一点。这座建筑如今尚存。

新桥，或称中国桥： 一座有实心石栏杆的拱桥。

这座中国桥原本是木制的，我们不知道它是在什么时候被如今的石头结构所取代。

Gardens Old and New, 1900, vol. 3, pp. 252, 253.

Gloag, *Book of English Gardens*, pp. 321-335.

Kurbatov, *Sady i Patki*, p. 724, fig.： "韦斯特花园。佩托（Peto）中国桥。"

（伍尔茨堡）皇宫（RESIDENZSCHLOSS），位于德国巴伐利亚州的伍尔茨堡。

园艺师迈耶的一项建筑计划中包括了一对从未被付诸实施的中国亭子（见第五章）。这个计划于 1773 年被提交给弗里德里希·冯·塞恩斯海姆主教。

版画：Le Rouge, *Jardins Anglo-Chinois*, cah. 11, no. 4： "从皇宫看伍尔茨堡的东方花园"，由迈耶设计；no. 3： "花园总平面图，由首席园丁迈耶绘制"。

Mader, *Kunstdenkmäler*, vol. 3, XII, Würzburg, 1915, pp. 485-488.

图 版

图1 辛集镇宝塔和琼东县铁索桥 （Fischer von Erlach, Entwurff einer Historischen Architectur, book 3, plate 15.）

图2 总督游行（Du Halde, Description...de l'Empire de la Chine, p30.）

图3 供奉神灵的塔（Essai sur l'Architecture Chinoise, plate 132.）

图4 放在桥上的中国亭（Essai sur l'Architecture Chinoise, plate 109.）

图 5　北京皇家园林中的景色（Staunton, An Authentic Account of an Embassy from the King of Great Britain to the Emperor of China, vol. 2, plate 29.）

图 6　圆明园（柏林艺术和手工艺博物馆图书馆）

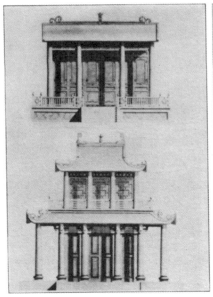

图 7 中国庙 (Chambers, Designs of Chinese Buildings, plate 3.)

图 8 广州寺庙花园中的亭子 (Chambers, Designs of Chinese Buildings, plate 6, figure 2.)

图 9 广州附近的宝塔 (Chambers, Designs of Chinese Buildings, plate 5.)

图 10 广州花园的桥 (Chambers, Designs of Chinese Buildings, plate 7.)

图 11 中国屋（Chambers, Designs of Chinese Buildings, plate 11.）

图 12 曲面屋顶（Chambers, Designs of Chinese Buildings, plate 9.）

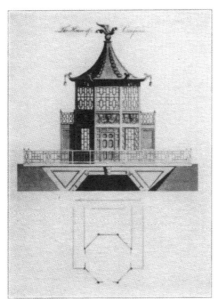

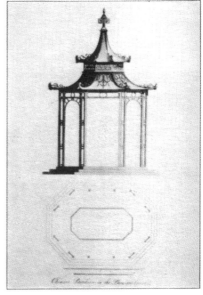

图 13 孔庙（Chambers, Plans, Elevations...of the Gardens and Buildings at Kew, plate 15.）

图 14 八边形亭子（Chambers, Plans, Elevations... of the Gardens and Buildings at Kew, plate 11.）

图 15　邱园的宝塔

图 16　邱园的宝塔

图 17　使用真正的中国龙作为"壁龛"的背景（Decker, Chinese Architecture, part Ⅰ, plate 4.）

图 18　中 国 宝 塔（Decker, Chinese Architecture, part Ⅰ, plate 11.）

图 19　哈夫彭尼式格纹（Halfpenny, Rural Architecture in the Chinese Taste, plate 15.）

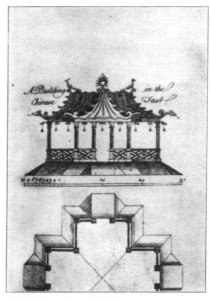

图 20　哈夫彭尼的设计（Halfpenny, Rural Architecture in the Chinese Taste, plate 11.）

图 21　哈夫彭尼的设计（Halfpenny, Rural Architecture in the Chinese Taste, plate 54.）

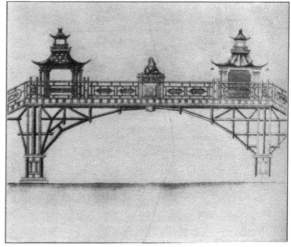

图 22　带有塔楼的桥（Edwards and Darly, A New Book of Chinese Designs, plate 56.）

图 23 伞座（Over, Ornamental Architecture in the Gothic, Chinese, and Modern Taste, plate 8.）

图 24 欧维尔的设计（Over, Ornamental Architecture in the Gothic, Chinese, and Modern Taste, plate 37.）

图 25 中式拱门（Over, Ornamental Architecture in the Gothic, Chinese, and Modern Taste, plate 18.）

图 26 中国桥（Stieglitz, Gemählde von Gärten im Neuern Geschmack, plate Ⅰ, B.）

图 27 亭子（Boitard, Traité de la Composition et de l'Ornement des Jardins, plate 58.）

图 28 灯笼亭（Boitard, Traité de la Composition et de l'Ornement des Jardins, plate 77.）

图 29 湖中央的游戏厅（Dugoure, Ier Projet, in Musée des Arts Décoratifs, Paris. Bibliothèque, vol. 326.）

图 30 中国楼阁（Van Laar, Magazijn van Tuin-Sieraaden, plate 105; Grohmann, Ideenmagazin, vol. 1, no.8, plate 1.）

图 31 中国小屋（Grohmann, Ideenmagazin, vol. 3, no.31, plate 3.）

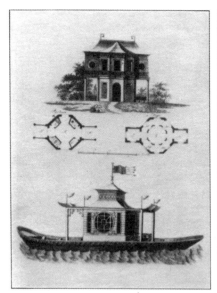

图 32 一座花园住宅和一艘有中国楼阁的游船（Grohmann, Ideenmagazin, vol. 3, no. 26, plate 3.）

图 33 三座原始的中国桥梁（Grohmann, Ideenmagazin, vol. 1, no. 2, plate 3.）

图 34 中国特色的鸟舍（Grohmann, Ideenmagazin, vol. 2, no. 21, plate 9.）

图 35 中式园亭（Grohmann, Ideenmagazin, vol. 2, no. 23, plate 7.）

图 36 "马棚"（Grohmann, Ideenmagazin, vol. 2, no. 16, plate 10.）

图 37 中国亭子（Becker, Neue Garten- und Landschafts-Gebäude, no. 1, plate 5.）

图 38 凡尔赛的特里亚农瓷宫（佩雷尔雕刻）

图 39 皮尔尼茨宫山区宫殿的花园前面

图 40　印度屋（梅特尔根据梅茨的画雕刻，收藏于布鲁尔城堡）

图 41　吕内维尔宫的三叶草中国屋（Héré, Recueil des Plans, Elevations...des Châteaux Jardins, ...que le Roy de Pologne.）

图 42　波茨坦无忧宫的日本屋（Schleuen, Recueil de Tous les Bâtimens...de Sans-Souci.）

图 43 波茨坦无忧宫的日本屋

图44　卓宁霍姆宫的中国园林小屋（阿德尔克兰茨绘制，收藏于乌普萨拉大学图书馆）

图45　卓宁霍姆宫的中国园林小屋

图 46 波茨坦无忧宫的龙宫

图 47　赖因斯贝格的中国屋（莫里诺）

图 48　赖因斯贝格的渔屋

图 49　法伊茨赫夏伊姆园的中国屋，或称印度庙
（Mader, Die Kunstdenkmäler, von Unterfranken und
Aschaffenburg, p. 210.）

图 50　伍尔茨堡（Le Rouge, Jardins Anglo-Chinois,
cah. 11, plate 4.）

图 51 贝克特的中国屋（避暑别墅）

图 52 韦斯特花园的中国亭

图 53 伦敦拉内拉赫花园（卡纳莱托，收藏于大不列颠博物馆）

图 54 特威克纳姆（明茨，收藏于温莎城堡皇家图书馆）

图 55 温莎附近弗吉尼亚湖的中式游船和观景楼（海恩斯，收藏于温莎城堡皇家图书馆）

图 56 温莎附近的弗吉尼亚湖（丹尼尔，收藏于温莎城堡皇家图书馆）

图 57　沃本修道院的奶牛场（莫里斯，收藏于温莎城堡皇家图书馆）

图 58　奥尔顿塔的塔顶喷泉

图 59 巴黎附近的蒙索（卡蒙泰尔）

图 60 尚蒂伊（Merigot, Promenades ou Itinéraire des Jardins de Chantilly.）

图 61 巴黎的中国风宴会厅（Le Rouge, Jardins Anglo-Chinois, cah. 11, plate 20.）

图 62 巴黎巴加特勒的印度亭，或称中国亭（收藏 于巴黎国家图书馆）

图 63 巴黎巴加特勒的中国桥（伊莉丝·索格林，收藏于巴黎国家图书馆）

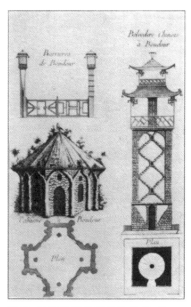

图 64 巴黎附近的罗曼维尔（Le Rouge, Jardins Anglo-Chinois, cah. 9, plate 2.）

图 65 贝洛伊附近的博杜尔（Le Rouge, Jardins Anglo-Chinois, cah. 7, plate 16.）

图 66　朗布依埃的中国亭（Le Rouge, Jardins Anglo-Chinois, cah. 11, plate 1.）

图 67　巴黎附近的博内勒（Le Rouge, Jardins Anglo-Chinois, cah. 12, plate 12.）

图 69　巴黎附近蒙维尔荒漠园（Le Rouge, Jardins Anglo-Chinois, cah. 13, plate 10.）

图 68　巴黎附近蒙维尔荒漠园的中国屋（Laborde, Description des Nouveaux Jardins de la France, plate 84.）

图 70 安博瓦兹城附近的尚特卢

图 71 安博瓦兹城附近的尚特卢

图 72 巴黎蒙莫朗西酒店的中国亭（Vues Pittoresques des principaux édifices de Paris, no. 59.）

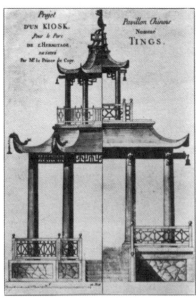

图 73 克罗伊王子遵循钱伯斯风格的亭子（Le Rouge, Jardins Anglo-Chinois, cah. 4, plate 15.）

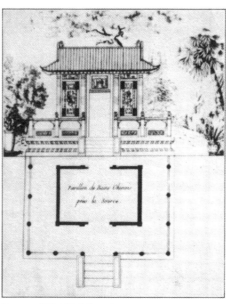

图 74 巴黎讷伊的圣詹姆斯庄园（Krafft, Maisons de Campagne, plate 111.）

图 75 巴黎附近的桑特尼（Krafft, Maisons de Campagne, plate 54.）

图 76 蒙贝利亚尔的中国寺庙（Krafft, Plans des Plus Beaux Jardins Pittoresques de France, plate 57.）

图 77 蒙贝利亚尔的宝塔（Krafft, Plans des Plus Beaux Jardins Pittoresques de France, plate 60.）

225

图 78 巴黎附近的阿门维尔（Krafft, Maisons de Campagne, plate 95.）

图 79 鲁尔蒙德（De Cloet, Châteaux et Monumens des Pays-Bas, vol. 1, plate 105.）

图 80 维也纳附近的纽瓦尔德格庄园（施穆策尔，收藏于柏林国家艺术图书馆）

图 81 上西里西亚的卡尔斯鲁厄（Klinsky, Geschmackvolle Darstellungen, plate 30.）

图 82　拉克森堡的中国亭（Grohmann, Ideenmagazin, vol. 4, no. 38, plate 9.）

图 83　斯特拉斯堡的特勒特尔花园房屋（Krafft, Maisons de Campagne, plate 89.）

图 84　施泰因福特园大瀑布的景色（Le Rouge, Jardins Anglo-Chinois, cah. 21, plate 3.）

图 85 德绍附近的奥拉宁鲍姆的中国茶馆

图 86 德累斯顿皮尔尼茨宫的中国亭（Vogel, Der Chinesische Geschmack, in Zeit-chrift für Kunstgeschichte, vol. 1, 1932, no. 5-6, p. 335.）

图 87 德绍附近的奥拉宁鲍姆的钟塔

图 88 慕尼黑的英国花园中的中国塔

图 89　巴伦的北京屋（收藏于荷兰阿默斯福特博物馆）

图 90　巴伦的广州屋（收藏于荷兰阿默斯福特博物馆）

图 91 阿兰胡埃斯

图 92 巴勒莫的法沃利塔别墅（摄影: H. Adenauer）

图 93 德累斯顿的日本宫

图 94 波茨坦无忧宫的日本屋